Iron-based Nanomaterials
and Applications in Electrochemistry

铁基纳米材料
及其在电化学中的应用

梁小玉　著

化学工业出版社

·北京·

内容简介

《铁基纳米材料及其在电化学中的应用》介绍了锂离子电池和超级电容器、铁基纳米材料在锂电池和超级电容器中的研究现状，重点介绍了 Fe_3O_4/C 纳米片、Fe_3O_4-Fe_xN $(x=1,3)/C$ 纳米片、Fe_3O_4-Fe_3N/C 纳米片及腐植酸钾作碳源的 Fe_3O_4/C 纳米片的制备方法、特性表征，及其在锂离子电池、超级电容器等储能领域的应用。

本书可供从事纳米材料、催化材料及其应用和可再生能源领域的科研人员参考，也可供相关专业高校师生阅读。

图书在版编目（CIP）数据

铁基纳米材料及其在电化学中的应用/梁小玉著．—北京：化学工业出版社，2023.6（2024.9重印）
ISBN 978-7-122-43277-3

Ⅰ.①铁⋯ Ⅱ.①梁⋯ Ⅲ.①铁电材料-纳米材料-应用-电化学-研究 Ⅳ.①O646

中国国家版本馆CIP数据核字（2023）第062529号

责任编辑：冉海滢 刘 军　　　装帧设计：韩 飞
责任校对：李 爽

出版发行：化学工业出版社（北京市东城区青年湖南街13号　邮政编码100011）
印　　装：北京天宇星印刷厂
710mm×1000mm　1/16　印张8　字数107千字　2024年9月北京第1版第3次印刷

购书咨询：010-64518888　　　　　售后服务：010-64518899
网　　址：http://www.cip.com.cn
凡购买本书，如有缺损质量问题，本社销售中心负责调换。

定　价：68.00元　　　　　　　　　　　　　　　　版权所有　违者必究

前　言

能源是人类赖以生存和发展的重要物质基础。在全球经济大环境下，化石能源的大规模开发利用带来了严重的全球性环境问题，人类发展甚至生存受到前所未有的威胁，促使人类开始重视可再生能源的开发和利用，新能源技术不断得到发展，人们对能源存储器件的需求也日益增加。锂离子电池和超级电容器由于具有较高的工作电压、较高的能量密度和良好的循环寿命，逐渐占领了二次能源储存市场。在整个储能器件中，电极材料的作用尤为重要，决定了整个储能器件的循环寿命。追求安全、价格低廉和容量更高的电极材料已经成为了储能领域发展的一个重要使命。铁基电极材料具有丰富的原材料资源、高的理论容量、好的环境兼容性等特点，是一种性能优异的电极材料。

本书是对铁基纳米材料电化学性能研究成果的总结。全书共5章，第1章介绍了锂离子电池和超级电容器、铁基纳米材料在锂电池和超级电容器中的研究现状。第2章介绍了Fe_3O_4/C纳米片在电化学中的应用。第3章介绍了Fe_3O_4-$Fe_xN(x=1,3)$/C纳米片在电化学中的应用。第4章介绍了Fe_3O_4-Fe_3N/C纳米片在电化学中的应用。第5章介绍了腐植酸钾作碳源制备的Fe_3O_4/C纳米片在电化学中的应用。可为可再生能源、无机纳米材料、金属催化剂材料尤其是铁基纳米材料制备和研究的科研人员提供参考。书中部分图片原图嵌入右侧二维码中，读者扫码即可参阅。

期望本书能为可再生能源领域的学者提供一点理论和技术上的帮助，由于编者水平有限，书中难免存在不足和疏漏之处，敬请广大读者批评指正。

梁小玉
2023年4月

目 录

第1章 绪论 ··· 001
  1.1 锂离子电池概述 ··· 002
  1.2 超级电容器概述 ··· 003
  1.3 Fe_3O_4 基材料概述 ··· 007
  参考文献 ··· 020

第2章 Fe_3O_4/C 纳米片在电化学中的应用研究 ············· 030
  2.1 纽扣式半电池的制备 ··· 032
  2.2 电容器电极的制备 ··· 032
  2.3 电化学性能测试条件 ··· 032
  2.4 Fe_3O_4/C 纳米片的表征讨论 ······································· 033
    2.4.1 前驱体 $Fe(OH)_3$@油酸的热重分析表征 ················ 033
    2.4.2 Fe_3O_4/C 纳米片的 XRD 表征 ······························ 034
    2.4.3 Fe_3O_4/C 纳米片的形貌表征 ································ 037
    2.4.4 Fe_3O_4/C 纳米片的拉曼光谱表征 ·························· 040
    2.4.5 Fe_3O_4/C 纳米片的 XPS 表征 ······························ 042
  2.5 Fe_3O_4/C 纳米片的电化学性能测试 ······························ 044
    2.5.1 Fe_3O_4/C 纳米片的超级电容器性能测试 ················ 044
    2.5.2 Fe_3O_4/C 纳米片的锂离子电池性能测试 ················ 046
  参考文献 ··· 051

第3章 Fe_3O_4-Fe_xN(x=1,3)/C 纳米片在电化学中的
       应用研究 ··· 055
  3.1 电容器电极的制备 ··· 057
  3.2 电化学性能测试条件 ··· 059

3.3　Fe_3O_4-Fe_xN(x=1, 3)/C 纳米片的表征讨论 …………… 059
　　3.3.1　Fe_3O_4-Fe_xN(x=1, 3)/C 纳米片的形貌表征 ……… 059
　　3.3.2　Fe_3O_4-Fe_xN(x=1, 3)/C 纳米片的 XRD 和
　　　　　 Raman 表征 …………………………………………… 059
　　3.3.3　Fe_3O_4-Fe_xN(x=1, 3)/C 纳米片的 XPS 表征 …… 062
3.4　Fe_3O_4-Fe_xN(x=1, 3)/C 纳米片的超级电容器性能 …… 064
参考文献 ……………………………………………………………… 071

第 4 章　Fe_3O_4-Fe_3N/C 纳米片在电化学中的应用研究　077

4.1　纽扣式半电池的制备 ………………………………………… 079
4.2　超级电容器电极的制备 ……………………………………… 080
4.3　电化学性能测试条件 ………………………………………… 080
4.4　Fe_3O_4-Fe_3N/C 纳米片的表征讨论 ………………………… 081
　　4.4.1　Fe_3O_4-Fe_3N/C 纳米片的结构表征 ………………… 081
　　4.4.2　Fe_3O_4-Fe_3N/C 纳米片的 TEM 表征 ……………… 083
　　4.4.3　Fe_3O_4-Fe_3N/C 纳米片的 FESEM 表征 …………… 084
4.5　Fe_3O_4-Fe_3N/C 纳米片的性能测试 ………………………… 085
　　4.5.1　Fe_3O_4-Fe_3N/C 纳米片的锂离子电池性能测试 …… 085
　　4.5.2　Fe_3O_4-Fe_3N/C 纳米片的超级电容器性能测试 …… 088
参考文献 ……………………………………………………………… 094

第 5 章　腐植酸钾作碳源制备 Fe_3O_4/C 纳米片在电化学中的
　　　　　应用研究　098

5.1　纽扣式半电池的制备 ………………………………………… 101
5.2　超级电容器电极的制备 ……………………………………… 102
5.3　电化学性能测试条件 ………………………………………… 102
5.4　Fe_3O_4/C 纳米片的表征讨论 ………………………………… 103
　　5.4.1　前驱体的热分析表征 …………………………………… 103
　　5.4.2　Fe_3O_4/C 纳米片的 XRD 和拉曼光谱表征 ………… 104
　　5.4.3　Fe_3O_4/C 纳米片的 XPS 表征 ……………………… 106

  5.4.4 Fe_3O_4/C 纳米片的 TEM 和 HRTEM 表征 ············ 106

  5.4.5 Fe_3O_4/C 纳米片的 FESEM 表征 ····················· 109

5.5 Fe_3O_4/C 纳米片的性能测试 ································ 110

  5.5.1 Fe_3O_4/C 纳米片的锂离子电池性能测试 ············· 110

  5.5.2 Fe_3O_4/C 纳米片的超级电容器性能测试 ············ 113

参考文献 ··· 117

第1章

绪 论

1.1 锂离子电池概述

随着我国社会的飞速发展，工业化产业越来越丰富，对于化石燃料等能源的需求大幅上升，从而使化石燃料的储量开始快速减少，同时也带来了对环境的严重污染。在环境和能源的双重压力下，需要广大的科研工作者开发和利用可再生的二次清洁能源来缓解以上这些问题；新能源（如太阳能、风能、潮汐能等）的特点是间歇不连续，只有配备合适的能源储蓄装置，才有可能将这些可再生能源充分应用起来，以达到给人们供应不间歇、持续可使用的能源的目的[1-3]。因此，开发清洁无污染的化学电池就成为当今电化学领域中的一个巨大挑战，而具有使用寿命长、能量储存效率高、稳定性高、适用于可再生电能储存和转换装置的化学电池很自然就得到了前所未有的重视[4,5]。锂离子二次电池之所以可以作为新一代绿色能源存储设备受到重视，是因为该器件具有诸多优点，如高的工作电压和能量密度，操作温度范围宽，较小的自放电，循环寿命长，无记忆效应，高倍率大电流条件下可以达成高效快速的充电-放电等[6-8]。

索尼公司商业化可充电式锂离子电池后，它们在小型便携式电子设备中的应用就开始获得巨大的成功（例如笔记本电脑、手机、摄像机），现在在电动工具、电动汽车、混合电动汽车等方面也受到了重视，如特斯拉汽车就是以锂离子电池作为动力来源[9-13]。到目前为止，锂离子电池已经被应用到许多方面[14]，在实际生活中也已具有举足轻重的地位，但还是存在着一些问题，如安全性低、循环寿命短、比容量小、价格高，同时也有许多挑战需要面对[15]。这些问题在很大程度上限制了锂离子电池的实际应用，需要朝更好电化学性能的方向发展[16]。

在过去的数十年内，有关锂离子电池负极材料的研究非常多,如能发生转换或取代式反应的过渡金属氧化物(MO,M=Co、Fe、Cu、Ni 等),它们的比容量是商品石墨电极的 2~3 倍(500~1000mA·h/g),成为了新一代电池负极材料的首选[17-24]。过渡金属氧化物应用于锂离子电池负极材料的过程中,依据脱/嵌锂机理的差别可分为以下两种:第一种材料在反应过程中,锂离子可逆脱出和嵌入过程并没有转换成氧化锂,材料本身只是发生了结构或成分的转变,这类化合物被称为真正的嵌锂化合物,常用的有 Nb_2O_5、MoO_2、TiO_2、$Li_4Ti_5O_{12}$ 等。但这类材料也有不足之处,比如其比容量较低,在嵌锂过程中电位较高。第二种是氧化还原电极材料(也称法拉第电极材料),这类过渡金属氧化物具有不能为脱/嵌锂的过程提供通道、金属本身与锂元素也不形成合金的特点。这类氧化物与锂离子只发生置换反应[25],在储锂过程中,金属氧化物 M_xO_y 首先转换成金属团簇 M,锂离子则被置换成不导电的 Li_2O 基体。在反应中,具有高电活性的金属团簇被均匀穿插在 Li_2O 基体中,而在脱锂放电过程中,金属团簇被可逆置换成 M_xO_y,整个反应过程可以用以下反应式表达[26,27]:

$$M_xO_y+2yLi^++2e^- \rightleftharpoons xM+yLi_2O$$

过渡金属氧化物 M_xO_y(M=Fe、Cu、Mo、Ni、Mn、Co 等)具有高达 600~1000mA·h/g 的比容量,而且充电-放电时还能承受较大的电流变化。

1.2 超级电容器概述

现今,全球变暖、大气污染、化石燃料枯竭等问题都已经得到了广泛的关注。在这个时代,应倡导从石油经济向电力文明社会转变[28]。为此,就需要研究将可再生能源转变为可控能源,以供人类使用。在解决这一问题时,人类会面临许多的问题：一方面，在利用太阳能、风能、潮汐能等可再生能源时，会产生较高的电能输出；另一方面，对能源的转换又会受到气候和地理等不可变因素的限制。因此转变-储能方案最有希望解决以上这些问题，将可再生能源产生的电能进行存储以待随时随地使用[29]，这就迫切需要开发具有高能量密度和高功率密度的便携式蓄电设备[30]。在理想情况下，这些蓄电设备应该具有环保、安全、经济可行、高功率密度、高能量密度和长循环寿命等特点。具有高可逆功率和能量密度的超级电容器（也称为电化学电容器或超级电容）引起许多研究者的关注[31-35]。

目前，超级电容器被广泛应用于消耗型电子设备、内存备份系统、工业电力和能源管理方面[36]，最有前途的就是应用在低排放的混合动力电动汽车和燃料电池汽车中。例如，空客A380客机上控制应急门的供电设备就是利用这种超级电容器[37]。和传统介质电容器、锂离子电池相比较，超级电容器被认为是一种较有发展前景的新一代能量存储装备，因为它拥有更高的功率密度和能量密度、优良的可逆性、循环寿命长等优点[38,39]。

根据储能机制的不同，超级电容器可以分成两类：电化学双层电容器（electrochemical double-layer capacitors, EDLCs）、赝电容器（pseudocapacitors）。EDLCs的储能是经由电极和电解液界面发生的电荷累积来完成的。到目前为止，碳基活性材料是最常见的EDLCs电极材料，比如活性炭、碳纳米管、石墨烯和一系列碳衍生的碳化物都被认为是很有发展前途的超级电容器电极材料。赝电容器的电容是在电活性物的表面发生可逆氧化还原反应而产生的。这种电容器常用材料有金属化合物（如氧化钌[40]、氧化锰[41]、氮化钒[42]）、导电聚合物（如聚苯胺[43]、含氧或氮表面官能团的聚合物[44]）等，它们的比容量比碳基活性材料更高。

化学性质稳定的无水二氧化钌是一种有前途的电极材料，因为它拥有720F/g的高电容、高导电性和可逆的充放电特性[40]。然而，钌的稀缺、毒性和高成本也限制了它的实际应用。因而，探寻更廉价的赝电容器材料成为了电容器研究领域的热门。

过渡金属氧化物经常用作赝电容器的电极材料，它主要是利用材料表面进行的快速、可逆的氧化还原反应来提供高功率密度和能量密度[45]。过渡金属氧化物是一类极有发展前景的高能量密度材料，其理论容量值远远超过了商业石墨电极。对于过渡金属氧化物来说，电容的增强主要归因于多价态的存在。综合考虑成本问题后，价格便宜、资源丰富的四氧化三铁（Fe_3O_4）在众多的研究材料中脱颖而出，成为研究的热点。Fe_3O_4具有多价的氧化态、丰富的多态性及晶相间易转变的特点。然而，一方面，裸露的Fe_3O_4纳米颗粒具有高的化学反应活性，很容易被氧化；另一方面，Fe_3O_4大的表面积和体积比也使得纳米颗粒易发生团聚，这些都导致该材料具有弱磁性和差分散性，从而限制了进一步实际应用[46,47]。因此对Fe_3O_4做进一步的研究，改善其电容性能，使其能广泛应用于电能存储设备。

还有许多研究集中在制备复合超级电容器，这类电容器有高的工作电压、能量密度和长的循环寿命，在储能方面具有一定的潜在应用[31,48-51]。这类复合超级电容器可分为：金属氧化物/碳纳米复合物、金属氧化物/氧化物、金属氧化物/导电聚合物、碳材料/导电聚合物等。其中的一种复合电极材料——金属氧化物/碳纳米复合物的制备方法已报道很多，可以对金属盐和碳前驱体的混合物进行加热分解得到[52,53]，但这种制备方法不能得到形貌尺寸均一的复合结构。因此，就需要探究一种操作简单高效、样品形貌均一的金属氧化物/碳纳米复合物的制备方法。Archer课题组报道了原位合成纳米粒子嵌入多孔碳矩阵的方法，采用乳液聚合法制备出的样品表现出了稳定的电化学循环性能[54,55]。

超级电容器中碳质材料的形貌各异，如碳纳米管

（CNTs）、碳纳米纤维和活性炭等。将碳质材料与纳米结构的氧化铁进行复合，可设计合成新颖结构的电极材料[50,56-58]。与Fe_3O_4基超级电容器相比，Fe_3O_4/碳质复合材料电极能够表现出更高的电容，结果如图1-1所示[59,60]。和其他氧化物一样，在电极反应中复合材料中Fe_3O_4也伴随大的体积变化，使活性物结构破裂，电极粉化、剥落，紧随其后活性物和电极材料之间的电接触点失去，从而导致差的不可逆性、快速的电容衰减[61,62]。因此，迫切需要

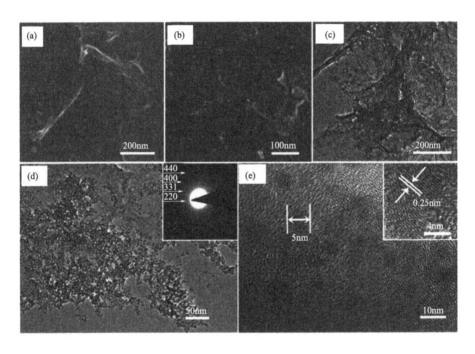

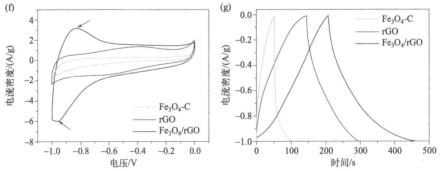

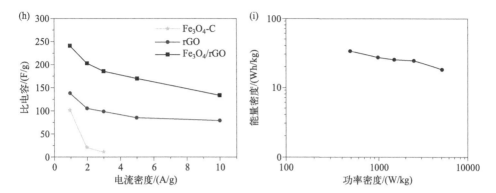

图 1-1 （a）～（e）Fe_3O_4/rGO 的低分辨和高分辨 SEM 图，（d）和（e）中的插图分别是 SAED 和 HRTEM 图；（f）～（i）Fe_3O_4/rGO 样品的循环伏安曲线，恒电流充放电曲线，比电容曲线和 Ragone 图

采取一定的措施来缓解体积变化，保证电极的完整性，以提高其循环稳定性。

1.3 Fe_3O_4 基材料概述

随着科技发展，人们对可再生能源存储和电动汽车领域的需求越来越高，这就需要研究出有更高能量密度和更高功率密度的新型锂离子电池。一般来说，锂离子电池是由正极和负极两部分组成的，这两部分都需要具有良好的容量、高的倍率性能和长的循环性能等特点才能很好地改善电池性能。在过去数十年内，有关锂离子电池负极材料的研究非常多，其中一种方法是通过第一性原理研究材料本身特性；另一种方法是通过控制材料的尺寸、形貌或采用掺杂等方式对材料进行改性，来提高锂离子电池容量[63-65]。

石墨烯经常被用作锂离子电池负极材料，但是石墨烯材料的理论比容量只有 372mA·h/g，并不能满足高能量密度电池日益增长的需求[66-69]。2000 年，Tarascon 课题组首次报道过渡金属氧化物应用到锂离子电池负极材料[70]，自此开始有更多的科研团队关注此类过渡金属氧化物[39,71,72]。具有资源丰富、理论容量高、环境兼容性、价格低廉等特点的铁的氧化物成为竞相研究的重点[73-75]。其中，赤铁矿和磁铁矿是两种研究较多的应用于锂离子电池负极材料的铁基氧化物。将赤铁矿应用于锂离子电池负极材料，在1.5~4.0V电压范围内锂离子可逆插入Fe_2O_3中时，铁的三价态会被转化为零价态；而电压低于0.9V时，额外锂离子的脱出/嵌入过程却会破坏氧化物的晶体结构，结果如图1-2所示[76,77]。另外，磁铁矿有不同的价态，能够进行可逆的氧化还原反应，也同样具有较高的理论比容量，约为925mA·h/g。其他过渡金属氧化物被用作锂离子电池负极材料时会有循环寿命短的缺点，这两种铁的氧化物也不例外，在氧化还原反应动力学过程中，伴随着传质扩散和电子转移，材料的循环寿命和功率密度降低[78,79]。由于铁的氧化物的充放电反应为置换反应，在反应过程中会伴随很大的体积变化，循环时颗粒很容易粉化，从而使材料失去电化学活性；此外，这种材料的导电性也非常差，在充放电过程当中生成的Li_2O会加倍减弱材料的导电性。因此改善铁的氧化物的循环性能是其实际应用必须跨越的障碍。要解决上述问题，有必要提升氧化铁的导电性，同时还要尽量防止活性物颗粒在氧化还原过程中的粉化和聚集。

迄今为止，研究者已经采取很多策略来克服以上问题，通过不同的制备方法将氧化铁负极材料制备成纳米结构（如中空、多孔）或纳米复合物（与石墨烯复合、用碳包覆或与碳复合）[80-84]。研究者采用不同方法合成出了不同的铁氧化物纳米形貌，如纳米颗粒、纳米中空球、纳米片、纳米棒、多孔、纳米环、纳米管等。例如，Zhang团队[85]以$Fe(NO_3)_3·9H_2O$作为铁源成功合成出了介孔$\alpha\text{-}Fe_2O_3$纳米粒子。通过对样品的形貌进行表征得出，所制备的α-

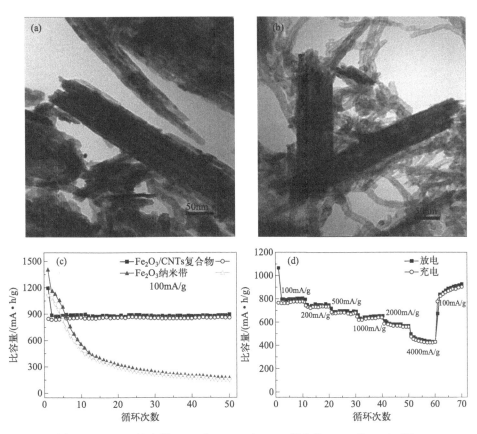

图 1-2 Fe_2O_3 纳米带（a）和 Fe_2O_3/CNTs 复合物（b）的 TEM 图；
(c) 循环伏安图；(d) 不同倍率图

Fe_2O_3 颗粒尺寸很小，约为 5nm，结构中含有很多的孔隙。在电化学测试中，α-Fe_2O_3 颗粒表现出了高容量和非常好的循环性，在 100mA/g 的电流密度下，该电池循环充放电 230 次后其放电比容量还有 1009mA·h/g，这个结果证明所合成的介孔 α-Fe_2O_3 拥有较高的性能，可以将其应用到锂离子电池负极材料中。Lu 等[86] 采用简易的溶剂热法成功制备出了 Fe_2O_3 纳米盘，测试结果如图 1-3 所示。在 Fe_2O_3 纳米盘的制备过程中，实际生长机制是沉积/溶解/生长的原理。Fe_2O_3 纳米盘的厚度约为 27nm，这就使得锂离子的

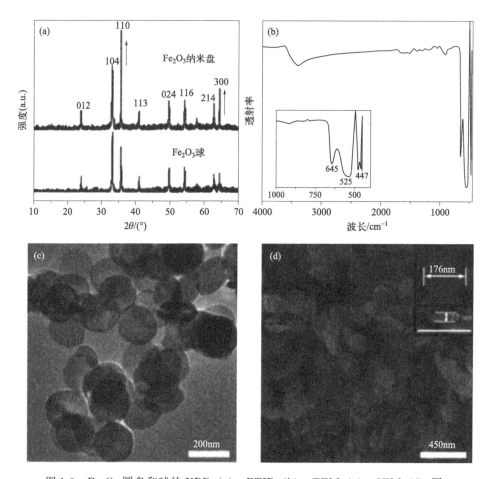

图 1-3 Fe₂O₃ 圆盘和球的 XRD (a), FTIR (b), TEM (c), SEM (d) 图

扩散距离变短,纳米材料又具有纳米尺寸效应,这会导致 Fe_2O_3 的反应活性增强,从而导致纳米盘具有长的循环寿命和好的倍率性能。Wu 等[87] 采用共沉淀法合成出了 α-Fe_2O_3 纳米颗粒与纳米片。通过测试其电化学性能发现,在电流密度为 1C 时,纳米片的可逆容量高达 1327mA·h/g,远远高于纳米颗粒的 1006mA·h/g,当电流密度为 3C 时,纳米片可逆容量可以达到 1215mA·h/g,此时纳米颗粒的只有 812mA·h/g,这样的结果证明了所合成的纳米片具

有更好的电子导电性。从结果中也能发现，所合成的样品很明显比理论容量高，出现这种情况多是因为电解液在低电位时会发生分解，从而形成了固体电解质膜（简称SEI膜）。

在各式各样的形貌中，中空或多孔的纳米结构是一种极具有吸引力的颗粒形貌，这样的结构可以扩大材料和电解液的接触面，缩短锂离子的分散路径；另外在锂离子的脱出/嵌入时产生体积转变后，中空结构能很好调节结构应变，提供一个很好的缓冲空间，将体积变化产生的影响降到最低，以此来提高材料的电化学性能[88]。例如，Lim课题组通过离子吸附技术制备中空Fe_3O_4微球，该样品展现出高的可逆容量和更高的循环稳定性[89]；Chen的团队合成了具有良好循环性的多孔中空Fe_3O_4，在100mA/g的电流密度下循环50次后容量还能保持500mA·h/g[90]。

据报道，对于制备中空的氧化铁纳米结构，有两种常用的方法，即无模板法和有模板法。利用无模板溶剂热法合成的中空Fe_3O_4球，该材料在100mA/g的电流密度下循环50次后可逆容量还可以达到870mA·h/g[91]。通过甘油-水类乳液模板法合成的α-Fe_2O_3中空球，在电流密度200mA/g的情况下循环100次后可逆容量能达到710mA·h/g[76]。Kang课题组以微孔有机纳米管作为模板制备出Fe_2O_3纳米管，在500mA/g的电流密度下，该材料循环30次后可逆容量还能高达929mA·h/g[92]。或可采用碳质材料（如石墨烯、碳纳米管、介孔碳）来制备成氧化物/碳、氧化物/石墨烯的纳米复合物[2,65,69,93]，提高材料的性能。

关于铁氧化物/碳复合材料的合成方法的报道已经有很多，并获得了可观的成绩。例如，采用一步溶剂热法合成的马赛克结构的Fe_3O_4@C纳米球表现出了高比容量（1000mA·h/g）和较优的倍率性能（结构如图1-4所示)[94]。结构中的多孔碳材料对 Fe_3O_4 电化学性能的提高起到了非常重要的作用。它不仅作为 Fe_3O_4 纳米颗粒沉积的底板,而且可以为活性 Fe_3O_4 在反应过程中体积的变化提供缓冲空间。Wang 等[95] 用水热法首先制备出 α-FeOOH 纳米棒,再通过调节所使用的水合肼的用量来达到改变纳米棒长径比的目的,将所制备的纳米棒作为前驱体,采用水热法包碳源,再煅烧处理得到最终产物 α-Fe_2O_3 和 Fe_3O_4/C 纳米棒。通过对样品的性能进行比较发现,在 $0.05C$ 的电流密度下,循环 50 次后 Fe_3O_4/C 介孔纳米棒的放电比容量还能达到 $1072mA \cdot h/g$,证明该材料具有很好的循环稳定性。Wang 课题组[96] 采用水热法合成出了

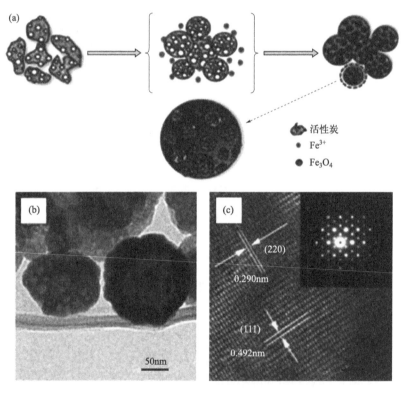

图 1-4 (a) Fe_3O_4@C 纳米结构的形成机理;
(b),(c) Fe_3O_4@C 的高倍透射显微图

Fe_2O_3 纳米环，该纳米环的厚度约 20~45nm，然后将乙炔作为碳源，采用热解还原法在纳米环的表面再包覆一层碳膜，最终得到所需的 Fe_3O_4/C 纳米环。对该材料测试了电化学性能，在 200mA/g 的电流密度下，循环 160 次后其比容量还保持 923mA·h/g，这个结果说明了无应变的 Fe_3O_4/C 纳米环的结构可以对电池反应过程中产生的体积膨胀提供一个很好的缓冲，能够减少体积膨胀所造成的材料结构的破坏，从而达到提高材料循环性的目的。Wang 等[25] 以乙炔黑和 Fe_2O_3 作为原料，采用碳热还原法，成功合成了 Fe_3O_4/C 复合材料。表征结果证明，合成的 Fe_3O_4 纳米颗粒很好地保持住了原料 Fe_2O_3 颗粒的尺寸大小；Fe_3O_4 纳米颗粒均匀分散在碳材料中。另外，电化学性能测试结果表明，当原料中加入 60% 或 70% 的乙炔黑时，循环 100 次后复合物的比容量还有 430mA·h/g，说明 Fe_3O_4/C 复合物具有较优的电化学性能。Fe_3O_4/C 电化学性能好的原因是 Fe_3O_4 在碳基质上的分布非常均匀，Fe_3O_4 本身具有比较高的导电性。Liu 等[97] 将碳气凝胶在不同含量的 $Fe(NO_3)_3$ 溶液中浸泡，再利用溶胶-凝胶法成功合成出了纳米 Fe_2O_3/碳气凝胶复合材料（Fe_2O_3/CA）。对样品进行电化学性能的测试，其实验结果是样品 Fe_2O_3/CA（60%，质量分数）的第 1 次放电比容量可以达到 916mA·h/g，而循环 100 次后，其比容量还能达到 617mA·h/g，这就证明，Fe_2O_3/CA（60%）显示出了优良的电化学性能。Fe_2O_3/CA 复合物的电化学性能比单一的 Fe_2O_3 或 CA 好，可以归功于碳气凝胶的多孔网络骨架以及 Fe_2O_3 颗粒的良好分散度。Jia 等[98] 通过喷雾干燥结合真空过滤将 Fe_3O_4 纳米晶均匀铺展在碳上并用多孔的碳纳米管缠绕起来，合成具有较好电化学性能的多孔 Fe_3O_4/C 复合物颗粒（测试结果如图 1-5 所示）。这类结构之所以拥有较好的电化学性能，是因为它可以提供有用的离子传递通道、高导电性和较好的

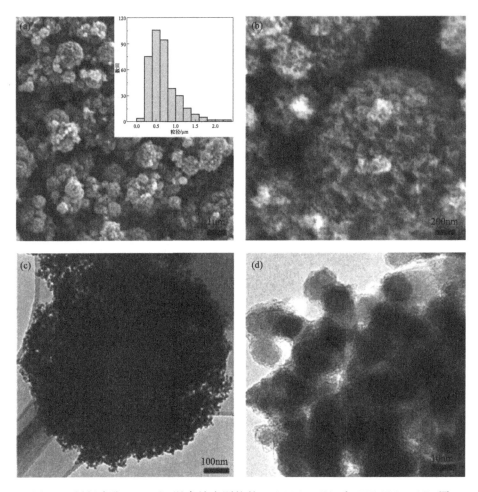

图 1-5　层级多孔 Fe_3O_4/C 混合纳米颗粒的 SEM(a), (b) 和 TEM(c), (d) 图

结构柔韧性。Wu 等[77] 以碳纳米管（CNTs）和 FeC_2O_4 为原料，成功制备出纳米带 Fe_2O_3 和 CNTs 的复合物。通过和单一纳米带 Fe_2O_3 电极相比后发现，导电碳被引进复合物中后，该复合物材料的电化学性能明显提高。在 100mA/g 的电流密度下，复合物的初次放电容量是 847.4mA·h/g，循环充放电 50 次后，其容量还可以高达 865.9mA·h/g。Chen 课题组[90] 通过溶剂热法成功制备出多孔的空心构造

的 Fe_3O_4 微球，并测试了其电化学性能。研究结果表明，在电流密度为 100mA/g 的条件下循环 50 次后，Fe_3O_4 微球的可逆容量发生了明显的衰减，只有 500mA·h/g。然后对 Fe_3O_4 微球的形貌进行改进，在微球的表面包覆碳层后，制备得到 Fe_3O_4/C 复合物，在相同的条件下循环测试 50 次后，复合物的容量可以达到 700mA·h/g，这归因于多孔的空心结构能够为反应过程中的体积变化提供很好的缓冲空间，同时表面包覆的碳层也可以提高其导电性，保持其结构的稳定性。

关于 Fe_3O_4 与石墨烯复合的报道也有很多。Wu 等[99]将含有柠檬酸、$Fe(NO_3)_3$ 和氯化钠的混合溶液干燥，直到成为粉末状，这里的柠檬酸用作碳源，氯化钠用作分散剂。再将粉末在氩气中 600℃ 煅烧，得到 Fe_3O_4 和石墨化多孔碳的 Fe_3O_4/C 复合材料（如图 1-6 所示）。通过对复合物进行性能测试发现，1C 的电流密度下，循环 60 次后复合材料的比容量为 834mA·h/g，电流密度为 5C 时复合材料的比容量还能达到 588mA·h/g；而当电流密度增大到 10C 时放电比容量虽有衰减，但还可高达 382mA·h/g。这个结果很好地说明，Fe_3O_4/C 拥有比较高的可逆容量和非常好的倍率性能。Zhu 等[100] 采用两步化学反应法将 Fe_2O_3 颗粒负载在石墨烯表面，合成出 Fe_2O_3/RGO 复合物。通过对其进行电化学性能测试发现，复合物的初次放电比容量为 1227mA·h/g，循环 50 次后，放电比容量还可以达到 1027mA·h/g。这个结果说明将 Fe_2O_3 颗粒与石墨烯片层复合，可以大大改善材料的比容量和循环性。Wang 等[101]以石墨烯三维导电网络作为载体，通过负载多孔空心的 Fe_3O_4 纺锤体来合成空心 Fe_3O_4/graphene 复合物。通过对复合物进行性能测试发现，电流密度 100mA/g 时，复合物表现出非常高的放电容量，可以达到 1555mA·h/g；在 200mA/g 和 500mA/g 的电流密度下，当循环 50 次后，复

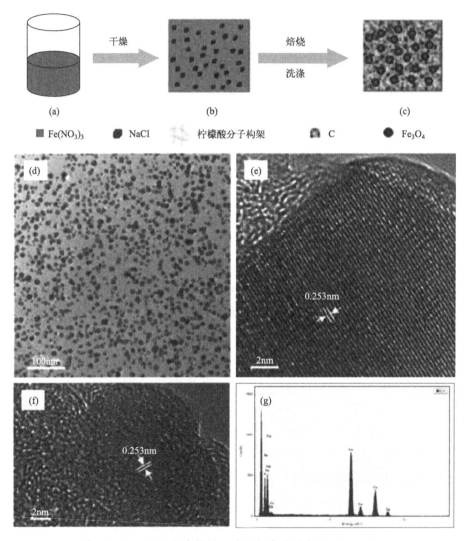

图 1-6 Fe₃O₄/C 混合物的一步固相合成示意图 (a)～(c)，
低倍率 TEM(d) 和高倍率 TEM(e)，(f) 图，EDX 谱图 (g)

合材料的容量分别为 940mA·h/g 和 660mA·h/g，这说明复合材料具有更好的倍率性能和循环性能。

　　以上研究都是关于铁基氧化物作为锂离子电池负极材料的应用，在研究中都显示了各自的优缺点。和传统的碳基材料相比较，过渡金属氧化物作锂离子电池负极材料时具备更高的理论容量和初次充放电容量，但也存在不足，即循环稳定性差、初次不可逆容量高、大电流密度下充放电容量较低等缺陷，限制了其更加广泛的应用。与碳材料复合后，碳材料可以为铁基氧化物在反应过程中的体积膨胀供应很好的缓冲空间，来达到提高锂离子电池循环寿命的目的；同时碳材料良好的导电性也可以显著提高铁基氧化物/碳复合材料的导电性，增强材料的倍率性能[102-107]。另外，对材料的制备通常采用的是水热法、溶剂热法、共沉淀法等方法，或采用二步法制备需要的铁基复合材料[64,81,100,108,109]。基于以上研究，考虑能否以电化学活跃、表面积大的碳材料作为基底，通过一步熔融盐焙烧法将铁基氧化物包覆到碳材料中或均匀分散在碳材料上，制备负载型氧化铁纳米材料，并研究材料的结构与电化学性能间的关系，具体的技术流程如图 1-7 所示。

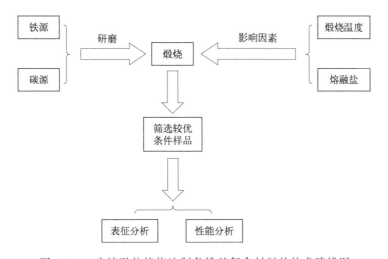

图 1-7　一步熔融盐焙烧法制备铁基复合材料的技术路线图

本书的具体研究是根据以下几点进行展开的：

① 在铁基氧化物上包覆碳材料或将铁基氧化物分散在碳基质，防止铁基氧化物在电池循环应用过程中的粉化和

团聚；同时碳材料的引入可以对铁基氧化物在嵌入/脱出锂中发生的体积膨胀起到很好的缓冲作用，最后改进材料作为锂离子电池负极材料的循环性能。

② 利用碳材料良好的电子导电性来提高铁基化合物复合材料的电子导电性，改善单一纯铁化合物的电化学性能。

③ 在结构构造中，薄的碳壳可避免铁基氧化物直接暴露到电解液中，阻止铁基氧化物的氧化，保护纳米颗粒的结构稳定和界面的稳定。

④ 利用腐植酸钾对金属离子良好的络合性将铁离子和腐植酸络合到一起，采用简单的一步熔融盐焙烧法同时得到碳和 Fe_3O_4 纳米颗粒，最终达到改善 Fe_3O_4 导电性的目的。

Jeff dahn 课题组（加拿大）、John B. Goodenough 课题组、Arumugam Manthiram 课题组（德国）、M. Stanley Whittingham 课题组（纽约）、中国科学院物理研究所陈立泉院士课题组、复旦大学夏永姚课题组、清华大学姜长印课题组、上海交通大学杨军课题组、天津大学唐致远课题组等很多团队在锂离子电池方面都做了出色的研究工作。而熔融盐焙烧法制备铁基氧化物/碳复合材料的相关文献报道却很少，尤其是对于一步熔融盐焙烧法直接制备复合材料，并用于锂离子电池的相关研究报道较少。因此寻找简单易行的一步熔融盐焙烧制备铁基复合材料的方法会越来越受到研究者们的青睐。本书基于目前氧化铁应用于锂离子电池或超级电容器的研究现状，立足于合成具有良好电化学性能的 Fe_3O_4 基复合材料。具体研究内容如下：

① 二维立方体 Fe_3O_4/C 复合纳米片在电化学中的性能研究。在反应中加入熔融盐 Na_2SO_4 作为模板剂，油酸钠作为碳源，$FeCl_3 \cdot 6H_2O$ 作为铁源，采用一步熔融盐焙烧法制备分散性良好的立方体 Fe_3O_4/C 复合纳米片，研究不同形貌 Fe_3O_4/C 纳米材料对电化学性能的影响。

② 一步法制备的 Fe_3O_4-Fe_xN/C 复合材料在电化学中的性能研究。在反应中加入熔融盐 Na_2SO_4 作为模板剂，油酸钠作为碳源，$FeCl_3 \cdot 6H_2O$ 作为铁源，采用一步熔融盐焙烧法制备分散性良好的 Fe_3O_4-Fe_xN/C 复合纳米材料，研究不同形貌 Fe_3O_4-Fe_xN/C 纳米材料对电化学性能的影响。

③ 二步法制备的 Fe_3O_4-Fe_3N/C 复合材料在电化学中的性能研究。在反应中加入熔融盐 Na_2SO_4 作为模板剂，油酸钠作为碳源，$FeCl_3 \cdot 6H_2O$ 作为铁源，通过熔融盐法制备高分散性的片状 Fe_3O_4/C，二次熔融盐法制备 Fe_3O_4-Fe_3N/C 复合纳米材料，研究不同形貌 Fe_3O_4-Fe_3N/C 纳米材料对电化学性能的影响。

④ 腐植酸作碳源制备的 Fe_3O_4/C 纳米片复合材料在电化学中的性能研究。以价格低廉的风化煤生产的工业腐植酸作碳源，$FeCl_3 \cdot 6H_2O$ 作铁源，采用熔融盐焙烧法制备 Fe_3O_4/C 复合材料。通过改变焙烧温度，研究产物的形貌变化，对其电化学性能进行探究。

实现"碳达峰、碳中和"目标的核心驱动力即优化产业和能源结构，降低煤电占比，大力发展可再生能源。电化学储能材料及储能技术是可再生能源利用和实现双碳目标的关键。

在各类储能技术中，电化学储能安装灵活、地理条件约束小、成本下降速度快，在全球范围已进入商业化推广阶段。然而，我国储能领域的技术、市场、政策等基本要素尚不成熟，如何能够更快地促进储能产业的可持续发展值得深入思考。

铁基纳米材料具有较好的氧化还原反应活性，较宽的负电势窗口及优于碳基材料的理论比电容，有望成为最有前途的电化学储能器件负极材料。但是铁基纳米材料差的导电性和稳定性，限制了其在电化学储能领域的应用。

本书为了解决铁基纳米材料的固有缺陷，以具有较高导电性的碳材料为基底，通过熔融盐焙烧法成功制备出一系列不同形貌的铁基纳米颗粒/碳复合材料负极材料，组装高性能锂离子电池和超级电容器，实现了能量密度的突破。以后可以继续探索这些材料在超级电容器、电池等电化学储能相关方面的更深入应用，挖掘更广的应用前景。

在未来的能源模式下，储能产品和服务将全面覆盖交通、工业和建筑等领域。电化学储能技术会成为未来能源企业综合能源服务和智能能源技术的主流储能技术。储能产品将取代传统能源，成为新时代最重要的国际贸易商品之一。

参考文献

[1] Chen J S, Zhu T, Yang X H, et al. Top-down fabrication of α-Fe_2O_3 single-crystal nanodiscs and microparticles with tunable porosity for largely improved lithium storage properties[J]. Journal of the American Chemical Society, 2010, 132(38): 13162-13164.

[2] Chen Y, Song B, Li M, et al. Fe_3O_4 nanoparticles embedded in uniform mesoporous carbon spheres for superior high-rate battery applications[J]. Advanced Functional Materials, 2014, 24(3): 319-326.

[3] Chen Y, Xia H, Lu L, et al. Synthesis of porous hollow Fe_3O_4 beads and their applications in lithium ion batteries[J]. Journal of Materials Chemistry A, 2012, 22(11): 5006-5012.

[4] Cui Z M, Jiang L Y, Song W G, et al. High-Yield Gas-Liquid Interfacial Synthesis of Highly Dispersed Fe_3O_4 Nanocrystals and Their Application in Lithium-Ion Batteries[J]. Chemistry of Materials, 2015, 21(6).

[5] Dong Y, Md K, Chui Y S, et al. Synthesis of CNT@Fe_3O_4-C hybrid nanocables as anode materials with enhanced electrochemical performance for lithium ion batteries[J]. Electrochimica Acta, 2015, 176: 1332-1337.

[6] Dong Y C, Ma R G, Hu M J, et al. Scalable synthesis of Fe_3O_4 nanoparticles anchored on graphene as a high-performance anode for lithium ion batteries

[J]. Journal of Solid State Chemistry, 2013, 201: 330-337.

[7] Dunn B, Kamath H, Tarascon J M. Electrical energy storage for the grid: a battery of choices[J]. Science, 2011, 334(6058): 928-935.

[8] Gao M, Zhou P, Wang P, et al. FeO/C anode materials of high capacity and cycle stability for lithium-ion batteries synthesized by carbothermal reduction[J]. Journal of alloys and compounds, 2013, 565: 97-103.

[9] Bruce P G, Scrosati B, Tarascon J. Nanomaterials for rechargeable lithium batteries [J]. Angewandte Chemie International Edition, 2008, 47 (16): 2930-2946.

[10] Zhang W M, Hu J S, Guo Y G, et al. Tin-nanoparticles encapsulated in elastic hollow carbon spheres for high-performance anode material in lithium-Ion batteries[J]. Advanced Materials, 2008, 20(6): 1160-1165.

[11] Li H, Wang Z, Chen L, et al. Research on advanced materials for Li-ion batteries[J]. Advanced materials, 2009, 21(45): 4593-4607.

[12] Kim M G, Cho J. Reversible and high-capacity nanostructured electrode materials for Li-ion batteries[J]. Advanced Functional Materials, 2009, 19 (10): 1497-1514.

[13] Lou P, Cui Z, Jia Z, et al. Monodispersed carbon-coated cubic NiP_2 nanoparticles anchored on carbon nanotubes as ultra-long-life anodes for reversible lithium storage[J]. ACS Nano, 2017, 11(4): 3705-3715.

[14] Xu W, Wang J, Ding F, et al. Lithium metal anodes for rechargeable batteries [J]. Energy & Environmental Science, 2014, 7(2): 513-537.

[15] Gu X, Chen L, Liu S, et al. Hierarchical core-shell α-FeO@C nanotubes as a high-rate and long-life anode for advanced lithium ion batteries [J]. Journal of Materials Chemistry A, 2014, 2(10): 3439-3444.

[16] Dunn B, Kamath H, Tarascon J M. Electrical energy storage for the grid: a battery of choices[J]. Science(New York, N. Y.), 2011, 334(6058): 928.

[17] Guo L, Wang Y. New $Cr_2Mo_3O_{12}$-based anodes: morphology tuning and Li-storage properties [J]. Journal of Materials Chemistry A, 2015, 3 (29): 15030-15038.

[18] Guo W, Sun W, Wang Y. Multilayer CuO @ NiO hollow spheres: microwave-assisted metal-organic-framework derivation and highly reversible structure-matched stepwise lithium storage[J]. ACS Nano, 2015, 9(11): 11462-11471.

[19] Huang B, Li X, Pei Y, et al. Novel carbon-encapsulated porous SnO_2 anode

for lithium-ion batteries with much improved cyclic stability[J]. Small, 2016, 12(14): 1945-1955.

[20] Kan J, Wang Y. Large and fast reversible Li-ion storages in Fe_2O_3-graphene sheet-on-sheet sandwich-like nanocomposites[J]. Scientific Reports, 2013, 3(1): 1-10.

[21] Kong S, Dai R, Li H, et al. Microwave hydrothermal synthesis of Ni-based metal-organic frameworks and their derived yolk-shell NiO for Li-ion storage and supported ammonia borane for hydrogen desorption[J]. ACS Sustainable Chemistry Engineering, 2015, 3(8): 1830-1838.

[22] Li H, Liang M, Sun W, et al. Bimetal-organic framework: one-step homogenous formation and its derived mesoporous ternary metal oxide nanorod for high-capacity, high-rate, and long-cycle-life lithium storage[J]. Advanced Functional Materials, 2016, 26(7): 1098-1103.

[23] Wu H B, Chen J S, Hng H H, et al. Nanostructured metal oxide-based materials as advanced anodes for lithium-ion batteries[J]. Nanoscale, 2012, 4(8): 2526-2542.

[24] Yu S H, Lee S H, Lee D J, et al. Conversion reaction-based oxide nanomaterials for lithium ion battery anodes[J]. Small, 2016, 12(16): 2146-2172.

[25] Wang P, Gao M, Pan H, et al. A facile synthesis of Fe_3O_4/C composite with high cycle stability as anode material for lithium-ion batteries[J]. Journal of Power Sources, 2013, 239(239): 466-474.

[26] Jeong G, Kim Y U, Kim H, et al. Prospective materials and applications for Li secondary batteries[J]. Energy & Environmental Science, 2011, 4(6): 1986-2002.

[27] Ji L, Tan Z, Kuykendall T R, et al. Fe_3O_4 nanoparticle-integrated graphene sheets for high-performance half and full lithium ion cells[J]. Physical Chemistry Chemical Physics, 2011, 13(15): 7170-7177.

[28] Pasquier A D, Plitz I, Gural J, et al. Characteristics and performance of 500 F asymmetric hybrid advanced supercapacitor prototypes[J]. Journal of Power Sources, 2003, 113(1): 62-71.

[29] Ho M Y, Khiew P S, Isa D, et al. Nano Fe_3O_4-Activated Carbon Composites for Aqueous Supercapacitors[J]. Sains Malaysiana, 2014, 43(6): 885-894.

[30] Xin X, Zhou X, Wu J, et al. Scalable synthesis of TiO_2/graphene nanostructured composite with high-rate performance for lithium ion batteries

[J]. ACS Nano, 2012, 6(12): 11035-11043.

[31] Dubal D P, Ayyad O, Ruiz V, et al. Hybrid energy storage: the merging of battery and supercapacitor chemistries[J]. Chemical Society Reviews, 2015, 44(7): 1777-1790.

[32] Tominaka S, Nishizeko H, Mizuno J, et al. Bendable fuel cells: on-chip fuel cell on a flexible polymer substrate[J]. Energy & Environmental Science, 2009, 2(10): 1074-1077.

[33] Winter M, Brodd R J. What are batteries, fuel cells, and supercapacitors? [J]. Chemical Reviews, 2004, 104(10): 4245-4270.

[34] Yang Y, Shi W, Zhang R, et al. Electrochemical exfoliation of graphite into nitrogen-doped graphene in glycine solution and its energy storage properties[J]. Electrochimica Acta, 2016, 204: 100-107.

[35] Yu D, Qian Q, Wei L, et al. Emergence of fiber supercapacitors[J]. Chemical Society Reviews, 2015, 44(3): 647-662.

[36] Miller J R, Burke A F. Electrochemical Capacitors: Challenges and Opportunities for Real-World Applications [J]. Electrochemical Society Interface, 2008, 17(1): 53-57.

[37] Zhang L L, Zhao X S. ChemInform Abstract: Carbon-Based Materials as Supercapacitor Electrodes[J]. Chemical Society Reviews, 2009, 38(9): 2520-2531.

[38] Zhang L L, Zhao X. Carbon-based materials as supercapacitor electrodes[J]. Chemical Society Reviews, 2009, 38(9): 2520-2531.

[39] Zhang J, Zhan Y, Bian H, et al. Electrochemical dealloying using pulsed voltage waveforms and its application for supercapacitor electrodes [J]. Journal of Power Sources, 2014, 257: 374-379.

[40] Hu C C, Chang K H, Lin M C, et al. Design and tailoring of the nanotubular arrayed architecture of hydrous RuO_2 for next generation supercapacitors[J]. Nano Letters, 2006, 6(12): 2690.

[41] Zhang H, Cao G, Wang Z, et al. Growth of manganese oxide nanoflowers on vertically-aligned carbon nanotube arrays for high-rate electrochemical capacitive energy storage[J]. Nano Letters, 2008, 8(9): 2664-2668.

[42] Choi D, Blomgren G E, Kumta P N. Fast and Reversible Surface Redox Reaction in Nanocrystalline Vanadium Nitride Supercapacitors[J]. Advanced Materials, 2010, 18(18): 1178-1182.

[43] Fan L Z, Hu Y S, Maier J, et al. High Electroactivity of Polyaniline in

Supercapacitors by Using a Hierarchically Porous Carbon Monolith as a Support[J]. Advanced Functional Materials, 2007, 17(16): 3083-3087.

[44] Seredych M, Hulicova-Jurcakova D, Gao Q L, et al. Surface functional groups of carbons and the effects of their chemical character, density and accessibility to ions on electrochemical performance[J]. Carbon, 2008, 46(11): 1475-1488.

[45] Wu Q, Chen M, Chen K, et al. Fe_3O_4-based core/shell nanocomposites for high-performance electrochemical supercapacitors[J]. Journal of Materials Science, 2016, 51(3): 1572-1580.

[46] Sun J, Zan P, Yang X, et al. Room-temperature synthesis of Fe_3O_4/Fe-carbon nanocomposites with Fe-carbon double conductive network as supercapacitor[J]. Electrochimica Acta, 2016, 215: 483-491.

[47] Wang L, Liang J, Zhu Y, et al. Synthesis of Fe_3O_4@ C core-shell nanorings and their enhanced electrochemical performance for lithium-ion batteries[J]. Nanoscale, 2013, 5(9): 3627-3631.

[48] Ho M, Khiew P, Isa D, et al. Nano Fe_3O_4-activated carbon composites for aqueous supercapacitors[J]. Sains Malaysiana, 2014, 43(6): 885-894.

[49] Choi D, Blomgren G E, Kumta P. Fast and reversible surface redox reaction in nanocrystalline vanadium nitride supercapacitors[J]. Advanced Materials, 2006, 18(9): 1178-1182.

[50] Dai C S, Chien P Y, Lin J Y, et al. Hierarchically structured Ni_3S_2/carbon nanotube composites as high performance cathode materials for asymmetric supercapacitors[J]. ACS applied materials interfaces, 2013, 5(22): 12168-12174.

[51] Li L, Gao P, Gai S, et al. Ultra small and highly dispersed Fe_3O_4 nanoparticles anchored on reduced graphene for supercapacitor application[J]. Electrochimica Acta, 2016, 190: 566-573.

[52] Hang B T, Watanabe I, Doi T, et al. Electrochemical properties of nano-sized Fe_2O_3-loaded carbon as a lithium battery anode[J]. Journal of Power Sources, 2006, 161(2): 1281-1287.

[53] Zhang W M, Wu X L, Hu J S, et al. Carbon coated Fe_3O_4 nanospindles as a superior anode material for lithium-ion batteries[J]. Advanced Functional Materials, 2008, 18(24): 3941-3946.

[54] Yang Z, Shen J, Jayaprakash N, et al. Synthesis of organic-inorganic hybrids by miniemulsion polymerization and their application for electrochemical

energy storage[J]. Energy & Environmental Science, 2012, 5(5): 7025-7032.

[55] Yang Z, Shen J, Archer L A. An in situ method of creating metal oxide-carbon composites and their application as anode materials for lithium-ion batteries[J]. Journal of Materials Chemistry A, 2011, 21(30): 11092-11097.

[56] Wang Q, Jiao L, Du H, et al. Fe_3O_4 nanoparticles grown on graphene as advanced electrode materials forsupercapacitors [J]. Journal of Power Sources, 2014, 245: 101-106.

[57] Guo D, Luo Y, Yu X, et al. High performance $NiMoO_4$ nanowires supported on carbon cloth as advanced electrodes for symmetricsupercapacitors[J]. Nano Energy, 2014, 8: 174-182.

[58] Wu H B, Xia B Y, Yu L, et al. Porous molybdenum carbide nano-octahedrons synthesized via confined carburization in metal-organic frameworks for efficient hydrogen production[J]. Nature Communications, 2015, 6(1): 1-8.

[59] Li L, Gao P, Gai S, et al. Ultra small and highly dispersed Fe_3O_4 nanoparticles anchored on reduced graphene for supercapacitorapplication [J]. Electrochimica Acta, 2016, 190: 566-573.

[60] Zhang J, Huang T, Liu Z, et al. Mesoporous Fe_2O_3 nanoparticles as high performance anode materials for lithium-ion batteries[J]. Electrochemistry communications, 2013, 29: 17-20.

[61] Li X, Zhang L, He G. Fe_3O_4 doped double-shelled hollow carbon spheres with hierarchical pore network for durable high-performancesupercapacitor [J]. Carbon, 2016, 99: 514-522.

[62] Liu D, Wang X, Wang X, et al. Ultrathin nanoporous Fe_3O_4-carbon nanosheets with enhanced supercapacitorperformance [J]. Journal of Materials Chemistry A, 2012, 1(6): 1952-1955.

[63] Hang B T, Watanabe I, Doi T, et al. Electrochemical properties of nano-sized Fe_2O_3-loaded carbon as a lithium battery anode[J]. Journal of power sources, 2006, 161(2): 1281-1287.

[64] He C, Wu S, Zhao N, et al. Carbon-encapsulated Fe_3O_4 nanoparticles as a high-rate lithium ion battery anode material[J]. ACS nano, 2013, 7(5): 4459-4469.

[65] Jang B, Park M, Chae O B, et al. Direct synthesis of self-assembled ferrite/carbon hybrid nanosheets for high performance lithium-ion battery anodes[J].

Journal of the American Chemical Society, 2012, 134(36): 15010-15015.

[66] Xin X, Zhou X, Wu J, et al. Scalable synthesis of TiO_2/graphene nanostructured composite with high-rate performance for lithium ion batteries[J]. ACS nano, 2012, 6(12): 11035-11043.

[67] Su J, Cao M, Ren L, et al. Fe_3O_4-graphene nanocomposites with improved lithium storage and magnetismproperties[J]. Journal of Physical Chemistry C, 2011, 115(30): 14469-14477.

[68] Wang R, Xu C, Sun J, et al. Flexible free-standing hollow Fe_3O_4/graphene hybrid films for lithium-ion batteries[J]. Journal of Materials Chemistry A, 2013, 1(5): 1794-1800.

[69] Xiao W, Wang Z, Guo H, et al. A facile PVP-assisted hydrothermal fabrication of Fe_2O_3/Graphene composite as high performance anode material for lithium ion batteries[J]. Journal of alloys and compounds, 2013, 560: 208-214.

[70] Poizot P, Laruelle S, Grugeon S, et al. ChemInform Abstract: Nano-Sized Transition-Metal Oxides as Negative-Electrode Materials for Lithium--on Batteries[J]. Cheminform, 2000, 407(6803): 496.

[71] Muraliganth T, Murugan A V, Manthiram A. Facile synthesis of carbon-decorated single-crystalline Fe_3O_4 nanowires and their application as high performance anode in lithium ion batteries[J]. Chemical Communications, 2009(47): 7360-7362.

[72] Poizot P, Laruelle S, Grugeon S, et al. Searching for new anode materials for the Li-ion technology: time to deviate from the usualpath[J]. Journal of Power Sources, 2001, 97: 235-239.

[73] Ito A, Zhao L, Okada S, et al. Synthesis of nano-Fe_3O_4-loaded tubular carbon nanofibers and their application as negative electrodes for Fe/air batteries[J]. Journal of Power Sources, 2011, 196(19): 8154-8159.

[74] Zhou G, Wang D W, Li F, et al. Graphene-wrapped Fe_3O_4 anode material with improved reversible capacity and cyclic stability for lithium ion batteries[J]. Chemistry of materials, 2010, 22(18): 5306-5313.

[75] Yang S, Cao C, Li G, et al. Improving the electrochemical performance of Fe_3O_4 nanoparticles via a double protection strategythrough carbon nanotube decoration and graphene networks[J]. Nano Research, 2015, 8(4): 1339-1347.

[76] Wang B, Chen J S, Wu H B, et al. Quasiemulsion-templated formation of α-

Fe_2O_3 hollow spheres with enhanced lithium storage properties[J]. Journal of the American Chemical Society, 2011, 133(43): 17146.

[77] Wu M, Chen J, Wang C, et al. Facile Synthesis of Fe_2O_3 Nanobelts/CNTs Composites as High-performance Anode for Lithium-ion Battery [J]. Electrochimica Acta, 2014, 132(3): 533-537.

[78] Xiong Q Q, Lu Y, Wang X L, et al. Improved electrochemical performance of porous Fe_3O_4/carbon core/shell nanorods as an anode for lithium-ion batteries[J]. Journal of Alloys & Compounds, 2012, 536(38): 219-225.

[79] Xu X, Cao R, Jeong S, et al. Spindle-like mesoporous α-Fe_2O_3 anode material prepared from MOF template for high-rate lithium batteries[J]. Nano Letters, 2012, 12(9): 4988.

[80] Wu Y, Wei Y, Wang J, et al. Conformal Fe_3O_4 sheath on aligned carbon nanotube scaffolds as high-performance anodes for lithium ion batteries[J]. Nano letters, 2013, 13(2): 818-823.

[81] Yoon T, Chae C, Sun Y K, et al. Bottom-up in situ formation of Fe_3O_4 nanocrystals in a porous carbon foam for lithium-ion battery anodes[J]. Journal of Materials Chemistry A, 2011, 21(43): 17325-17330.

[82] Yu X, Tong S, Ge M, et al. One-step synthesis of magnetic composites of cellulose@ iron oxide nanoparticles for arsenic removal[J]. Journal of Materials Chemistry A, 2013, 1(3): 959-965.

[83] Yuan S, Li J, Yang L, et al. Preparation and lithium storage performances of mesoporous Fe_3O_4@ C microcapsules[J]. ACS applied materials interfaces, 2011, 3(3): 705-709.

[84] Zeng Z, Zhao H, Wang J, et al. Nanostructured Fe_3O_4 @ C as anode material for lithium-ion batteries[J]. Journal of Power Sources, 2014, 248: 15-21.

[85] Zhang J, Huang T, Liu Z, et al. Mesoporous Fe_2O_3 nanoparticles as high performance anode materials for lithium-ion batteries[J]. Electrochemistry Communications, 2013, 29(318): 17-20.

[86] Lu J, Peng Q, Wang Z, et al. Hematite nanodiscs exposing(001) facets: synthesis, formation mechanism and application for Li-ionbatteries [J]. Journal of Materials Chemistry A, 2013, 1(1): 5232-5237.

[87] Wu M S, Ou Y H, Lin Y P. Iron Oxide Nanosheets and Nanoparticles Synthesized by a Facile Single-Step Coprecipitation Method for Lithium-Ion Batteries[J]. Journal of the Electrochemical Society, 2011, 158(3): A231-

A236.

[88] Zhang Q, Shi Z, Deng Y, et al. Hollow Fe_3O_4/C spheres as superior lithium storage materials[J]. Journal of Power Sources, 2012, 197(1): 305-309.

[89] Lim H S, Jung B Y, Sun Y K, et al. Hollow Fe_3O_4 microspheres as anode materials for lithium-ion batteries[J]. Electrochimica Acta, 2012, 75(4): 123-130.

[90] Chen Y, Xia H, Lu L, et al. Synthesis of porous hollow Fe_3O_4 beads and their applications in lithium ion batteries[J]. Journal of Materials Chemistry, 2012, 22(11): 5006-5012.

[91] Zhang J, Yu Y, Tao H, et al. Uniform hollow Fe_3O_4 spheres prepared by template-free solvothermal method as anode material for lithium-ion batteries[J]. Electrochimica Acta, 2012, 78(9): 502-507.

[92] Kang N, Park J H, Choi J, et al. Nanoparticulate iron oxide tubes from microporous organic nanotubes as stable anode materials for lithium ion batteries[J]. Angewandte Chemie International Edition, 2012, 51(27): 6626-6630.

[93] Gu X, Chen L, Liu S, et al. Hierarchical core-shell α-Fe_2O_3@C nanotubes as a high-rate and long-life anode for advanced lithium ion batteries[J]. Journal of Materials Chemistry A, 2014.

[94] Zeng Z, Zhao H, Wang J, et al. Nanostructured Fe_3O_4@C as anode material for lithium-ion batteries[J]. Journal of Power Sources, 2014, 248(7): 15-21.

[95] Wang J, Li L, Wong C, et al. Controlled synthesis of α-FeOOH nanorods and their transformation to mesoporous α-Fe_2O_3, Fe_3O_4@C nanorods as anodes for lithium ion batteries[J]. RSC Advances, 2013.

[96] Wang L, Liang J, Zhu Y, et al. Synthesis of Fe_3O_4@C core-shell nanorings and their enhanced electrochemical performance for lithium-ion batteries[J]. Nanoscale, 2013, 5(9): 3627.

[97] Liu N, Shen J, Liu D. A Fe_2O_3 nanoparticle/carbon aerogel composite for use as an anode material for lithium ionbatteries[J]. Electrochimica Acta, 2013, 97(5): 271-277.

[98] Jia X, Chen Z, Cui X, et al. Building Robust Architectures of Carbon and Metal Oxide Nanocrystals toward High-Performance Anodes for Lithium-Ion Batteries[J]. ACS Nano, 2012, 6(11): 9911.

[99] Wu S, Wang Z, He C, et al. Synthesis of uniform and superparamagnetic FeO nanocrystals embedded in a porous carbon matrix for a superior lithium

ion batteryanode[J]. Journal of Materials Chemistry A, 2013, 1(36): 11011-11018.

[100] Zhu X, Zhu Y, Murali S, et al. Nanostructured reduced graphene oxide/Fe_2O_3 composite as a high-performance anodematerial for lithium ion batteries[J]. Acs Nano, 2011, 5(4): 3333-3338.

[101] Wang R, Xu C, Sun J, et al. Flexible free-standing hollow Fe_3O_4/graphene hybrid films for lithium-ion batteries[J]. Journal of Materials Chemistry A, 2013, 1(5): 1794-1800.

[102] Koo B, Xiong H, Slater M D, et al. Hollow iron oxide nanoparticles for application in lithium ion batteries[J]. Nano letters, 2012, 12(5): 2429-2435.

[103] Su Y, Li S, Wu D, et al. Two-dimensional carbon-coated graphene/metal oxide hybrids for enhanced lithium storage[J]. ACS nano, 2012, 6(9): 8349-8356.

[104] Zhang W, Zuo X, Wu C. Synthesis and magnetic properties of carbon nanotube-iron oxide nanoparticle composites for hyperthermia: areview[J]. Rev Adv Mater Sci, 2015, 40(2): 165-176.

[105] Chen J, Zhang Y, Lou X. One-pot synthesis of uniform Fe_3O_4 nanospheres with carbon matrix support for improved lithium storage capabilities[J]. ACS applied materials interfaces, 2011, 3(9): 3276-3279.

[106] Xu X, Cao R, Jeong S, et al. Spindle-like mesoporous $α$-Fe_2O_3 anode material prepared from MOF template for high-rate lithium batteries[J]. Nano letters, 2012, 12(9): 4988-4991.

[107] Dong Y, Md K, Chui Y S, et al. Synthesis of CNT@ Fe_3O_4-C hybrid nanocables as anode materials with enhanced electrochemical performance for lithium ion batteries[J]. Electrochimica Acta, 2015, 176: 1332-1337.

[108] Arico A S, Bruce P, Scrosati B, et al. Nanostructured materials for advanced energy conversion and storage devices[J]. Nature Materials, 2005, 4(5): 366-377.

[109] Cui Z M, Jiang L Y, Song W G, et al. High-yield gas-liquid interfacial synthesis of highly dispersed Fe_3O_4 nanocrystals and their application in lithium-ion batteries[J]. Chemistry of Materials, 2009, 21(6): 1162-1166.

第 2 章

Fe_3O_4/C 纳米片在电化学中的应用研究

第 2 章　Fe_3O_4/C 纳米片在电化学中的应用研究

中空结构已经被广泛应用到不同的领域，如能量储存、催化、气敏、药物输送等方向，因为这种特殊的内部多孔结构能为其他成分的引入提供大比表面积、低密度、微型反应环境和孔隙空间。一般来说，不同形貌的多孔结构可以通过不同的合成方法获得，比如模板法、柯肯达尔效应、化学腐蚀、电化学置换法、奥斯特瓦尔德熟化[1-5]。

在不同的材料中，作为一种在自然界中储存量雄厚、对环境友好、有环境兼容性、拥有高反应活性等特征的优秀半导体材料，Fe_3O_4 已经成为了研究者研究电容器方面的首要材料。Fe_3O_4 有一个相对较高的理论锂储存容量，氧化还原反应后能提供一个高赝电容，在锂离子电池负极中会经历下面一个置换反应[6]。

$$Fe_3O_4 + 8Li^+ + 8e^- \longrightarrow 3Fe + 4Li_2O$$

但是反应后，Fe_3O_4 的低表面积和颗粒的团聚会造成其与电解液的不完全氧化还原反应，这样就导致了 Fe_3O_4 电极材料的低比容量；此外，该材料低的导电性也会限制它的可逆性和高倍率性能，这样就限定其作为超级电容器电极的实用性。为了解决这些问题，提高离子和电子传递的动力学参数，使电活性物质能够充分暴露在表面以确保氧化还原反应的充分，需要对 Fe_3O_4 材料进行改进，以此来实现其更好的电化学性能。

Fe_3O_4 基赝电容器比容量有限，界面阻力高，这主要归因于它们有限的导电性[7-9]。在过去几年里，主要采用两种方法来改善 Fe_3O_4 基赝电容器的导电性。一种是用导电金属形成纳米复合物，常用的有铁、金、钴、镍、铝等导电金属。与外部导电性相比，强化材料的内部导电性在本质上更能提高材料的电导率。另一种是引入导电添加剂（如碳材料）或其他多变的基质（如导电聚合物）等。基于此，本章以熔融盐焙烧法制备高分散 Fe_3O_4 纳米立方体均匀镶嵌在碳框架上的二维 Fe_3O_4/C 复合纳米片。将纳米颗粒镶嵌在碳架上不仅可以防止实验过程中纳米颗粒的团聚，还可以很好地保护纳米颗粒的形貌和尺寸。这样的设计理念能够启发探索材料在超级电容器等相关方面的进一步应用。

2.1 纽扣式半电池的制备

利用涂膜法制备电极材料。在制备锂离子电池负极材料的过程当中，按 80%∶10%∶10% 的质量比精确称量活性物 Fe_3O_4/C 纳米片、黏结剂（PVDF）和导电剂（乙炔黑），在玛瑙研钵中研磨均匀后滴入几滴 N-甲基吡咯烷酮调成糨糊状，涂抹在铜箔上室温晾干。120℃真空干燥 12h，然后将涂有活性物质的铜箔压成直径均为 1.2cm 的小圆片。在充满氩气，氧气和水分含量均低于 0.5mg/L 的手套箱中装配成纽扣电池。在组装过程中，将锂片作为正极，活性材料为负极，1mol/L 的 $LiPF_6$ 的碳酸二乙酯（DEC）和碳酸亚乙酯（EC）的混合溶液（$V_{DEC}∶V_{EC}=1∶1$）为电解液，以 Cellgard2325 为隔膜组装成半电池。

2.2 电容器电极的制备

将制备的样品（活性物）、聚四氟乙烯乳液（PTFE）和导电炭黑按质量比 5∶1∶1 混于一定量乙醇溶液中，超声 5min 后，在 60℃烘箱中烘干溶剂，获得胶黏状混合物。将混合物在对辊机上碾压成均匀薄片，切成约 1cm×1cm 的方形后贴在泡沫镍上，在高压（8MPa 条件）下压成薄膜状，制备成超级电容器的电极。

2.3 电化学性能测试条件

锂离子半电池负极材料的循环伏安测试在 Zennium

Zahner 电化学工作站上进行，测试时的电位扫描窗口为 0.01~3V，扫描速度为 0.1mV/s。电化学阻抗测试也是在 Zennium Zahner 电化学工作站上进行。此外，锂离子电池的恒电流充放电循环、倍率及其比容量等测试都是在蓝电测试体系上进行。

电化学测试采用三电极体系，制备得到的样品电极作为工作电极，甘汞电极为参比电极，铂电极为对电极，电解液为 1mol/L 的 KOH 溶液。测试前将工作电极放入电解液中浸泡 12h。循环伏安、恒电流充放电及交流阻抗（频率范围：100kHz~100MHz）测试在型号为 CHI 660D 的电化学工作站上进行。在蓝电测试体系上测试了恒电流充放电循环，其比容量 C（单位：F）利用式（2-1）计算。

$$C = I\Delta t/(m\Delta V) \tag{2-1}$$

式中，I 为电流密度，A 或 mA；m 为活性物质量，mg；Δt 为电池放电所用时间，s；ΔV 为放电的电势窗口，V。在计算比容量时，电势窗口和放电时间均扣除电压降的影响。

2.4　Fe_3O_4/C 纳米片的表征讨论

2.4.1　前驱体 $Fe(OH)_3$@油酸的热重分析表征

在本章中采用的制备方法是熔融盐焙烧法，为了确定较优的焙烧温度，对焙烧前 $Fe(OH)_3$@油酸和无水硫酸钠的混合物进行了热重分析来分析原料的分解温度，其结果如图 2-1 所示。从图 2-1 中曲线可得，该混合物失重过程主要分为三个阶段。第一阶段是室温~238℃，在该温度范围内，混合物有 2.59% 的失重，这部分质量损失主要是因为水分的挥发和混合物中小分子的分解。第二阶段是 238~475℃，在该温度范围内有约 4.32% 的质量损失，可以归结

于 $Fe(OH)_3$@油酸混合物中的油酸分解成了 CO_2 和碳架，形成的无定形结构的碳架发生了一定程度的燃烧。第三阶段是 475～665℃，这部分的失重主要是因为氢氧化铁被转化成了氧化铁。因此，确定较优的焙烧温度为 500℃ 和 600℃。

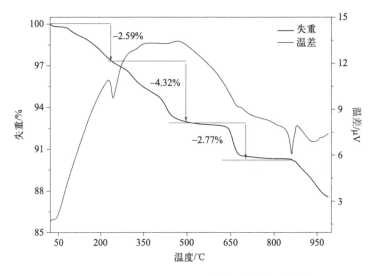

图 2-1　$Fe(OH)_3$@油酸和硫酸钠混合物的热分析图

2.4.2　Fe_3O_4/C 纳米片的 XRD 表征

样品的合成过程如图 2-2 所示，所有样品的编号和制备条件如表 2-1。为了证明样品的晶相组成和晶体结构，对所制备的样品进行了粉末 X 射线衍射（XRD）表征，射线源为 Cu K 辐射（$\lambda = 1.54178$Å），扫描范围为 10°～80°。500℃和 600℃条件下焙烧得到的样品 XRD 的结果如图 2-3 所示，从图中可以看出，XRD 曲线中的所有衍射峰都可以与立方晶相的磁铁矿（Fe_3O_4，JCPDS♯75-0449）相吻合。在 18.46°、30.36°、35.76°、37.41°、43.47°、53.94°、57.51°、63.17°和 74.76°处的衍射峰分别对应于 Fe_3O_4 面立

方的 (111)、(220)、(311)、(222)、(400)、(422)、(511)、(440) 和 (533) 晶面。此外，在该光谱图中也没有出现其他的杂峰，证明样品中只含有立方晶相的磁铁矿，无其他杂质。另外，随着焙烧温度从 500℃ 升高到 600℃，样品的结晶度也随之增大。图中狭窄、尖锐的峰形也进一步证明了产物 Fe_3O_4 有非常好的结晶度。对所有样品来说，碳的衍射峰都没有出现，这可能是因为样品中的碳是以无定形状态存在的。

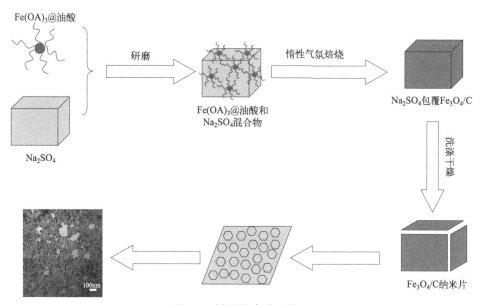

图 2-2　样品的合成示意图

表 2-1　不同制备条件下的样品

样品编号	H_2O /mL	乙醇 /mL	正己烷 /mL	NaOA /mmol	KOH /mmol	焙烧环境 Ar 气氛		
						速率 /(℃/min)	温度/℃	时间/h
S1-500	20	—	—	40	—	10	500	3
S1-600	20	—	—	40	—	10	600	3

续表

样品编号	H_2O/mL	乙醇/mL	正己烷/mL	NaOA/mmol	KOH/mmol	焙烧环境 Ar 气氛		
						速率/(℃/min)	温度/℃	时间/h
S2-500	20	40	60	40	40	10	500	3
S2-600	20	40	60	40	40	10	600	3
S3-500	20	40	60	40	—	10	500	3
S3-600	20	40	60	40	—	10	600	3

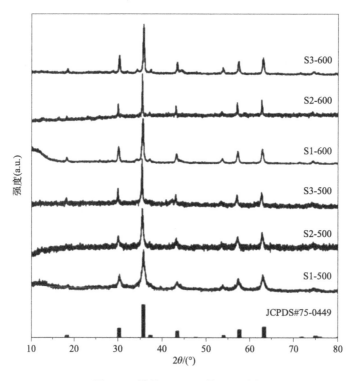

图 2-3 样品 S1~S3 的 XRD 图

2.4.3 Fe₃O₄/C 纳米片的形貌表征

样品的透射电子显微镜（TEM）图如图 2-4 所示。从图 2-4（a）、(c)、(e) 可以看出，500℃焙烧得到的样品的形貌并不那么规整和均匀，但是金属颗粒在碳膜上的分布都呈单层分散，并没有出现团聚的情况。此外，图 2-4（b）、(d)、(f) 却透露出，这些立方晶体结构的磁铁矿（Fe₃O₄）都是均匀有序地镶嵌在碳膜框架上的。这是因为碳膜和 Fe₃O₄ 颗粒之间的协同效应才会形成如此独特的形貌，由于它们的协同作用也可以在性能测试中很好地保持住这种独特的形貌，从而不会影响其实际应用。从图 2-4（d）发现，边缘的碳膜是非常薄的，几乎呈现透明状。这

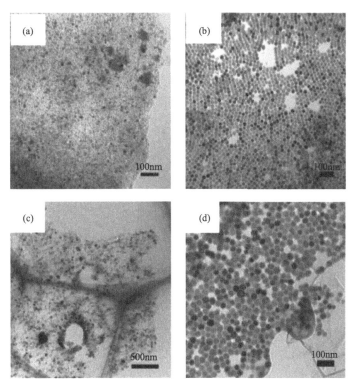

图 2-4

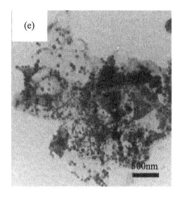
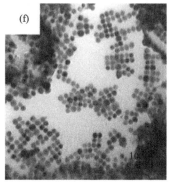

图 2-4 Fe₃O₄/C 复合物的 TEM 图
(a) S1-500；(b) S1-600；(c) S2-500；(d) S2-600；(e) S3-500；(f) S3-600

些结果证明 600℃熔融盐焙烧法所制备出来的样品具有均匀的形貌，并且得到非常薄的碳膜。

为了更清晰、更直观地观察产物的微观构造和形貌信息，对 600℃焙烧的样品进行了场发射扫描电子显微镜（FESEM，Hitachi S-8010，日本）表征，结果如图 2-5 所示。通过图 2-5 可以发现，金属颗粒均是平铺镶嵌在碳膜上的，这表明通过熔融盐焙烧法可以得到金属颗粒均匀镶嵌在碳膜上的复合物。另外，图 2-5（a）、（b）的表征结果说明，样品 S1-600 是由平铺的碳膜和排列规则的立方体 Fe₃O₄ 纳米颗粒所组成的形貌非常完美的纳米片。平铺的碳膜不仅可以防止碳片堆积，还增大了单分散 Fe₃O₄ 纳米颗粒分布时的活性表面积。从该图也能发现，复合物有一个很平滑的表面，是因为表面包覆的碳可以均匀地固定 Fe₃O₄ 纳米颗粒，很好地保护纳米颗粒的形貌和尺寸，在热处理过程当中防止纳米颗粒的团聚[10]。通过图 2-5（a）、（b）中少数破裂的颗粒也可以看出，制备的 Fe₃O₄ 颗粒是中空的立方体状，这样也能增大其比表面积，提高其锂电性能。

为了更进一步证明熔融盐焙烧法所得到的样品形貌的均匀性和清晰度，对 S1-600 测试了高分辨率透射电镜图（HRTEM）和特定选区的元素分布 X 射线色散 mapping

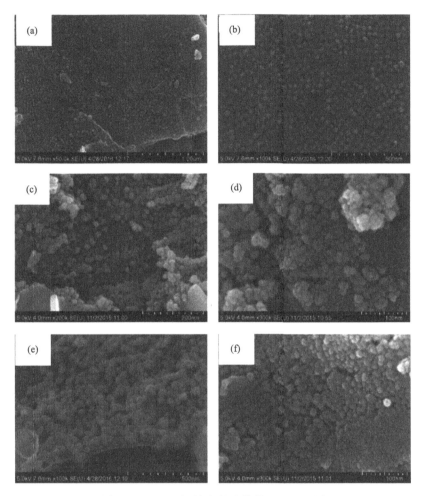

图 2-5 Fe₃O₄/C 纳米复合物的 FESEM 图
(a), (b) S1-600; (c), (d) S2-600; (e), (f) S3-600

图，结果如图 2-6 所示。通过图 2-6（a）可以直接看出，具有电活性的单分散 Fe_3O_4 颗粒紧紧覆盖在碳膜上，排列非常均匀。图 2-6（a）中的橘黄色选区的元素 mapping 图如图 2-6（b）～（e）所示。由图 2-6（b）～（e）可以看出，碳元素、氧元素和铁元素在整个电镜图选取部分的分布是高度一致的，表明 Fe_3O_4 纳米颗粒非常均匀地负载于碳膜。

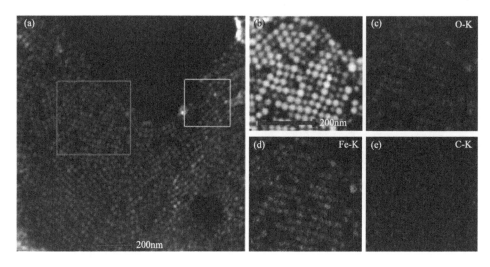

图 2-6 S1-600 纳米复合物的 HRTEM 图 (a),
相应的选区部分的元素分布图 (b)~(e)

对样品 S1-600 进行了高倍率的 HRTEM 测试,结果如图 2-7 所示。通过图 2-7 (a) 可以进一步证实,利用一步熔融盐焙烧法得到了形貌均匀的单分散 Fe_3O_4/C 纳米复合物。从该图也可以看出,均匀分布在碳膜表面的 Fe_3O_4 颗粒的平均粒径在 20nm 左右。事实上,在该复合物中,Fe_3O_4 颗粒和外层碳的形成是在热分解过程中一步产生的,所以才会得到这么牢固、致密的混合形貌。高导电的碳膜结构可以促进电极材料传输电子,因此,所制备的 Fe_3O_4/C 纳米复合物会是一种较优的能量存储备选材料,可以把框架碳作为一种载体和导电媒介,而将 Fe_3O_4 作为活性物来使用。通过图 2-7 (b) 可以得出,Fe_3O_4 晶体的原子晶格条纹间距是 0.48nm,该值正好对应 Fe_3O_4 晶体的 (111) 晶面。

2.4.4　Fe_3O_4/C 纳米片的拉曼光谱表征

拉曼光谱是一种非常有效、方便的识别碳基材料的结合和微观结构的手段。众所周知,碳材料的光谱通常表现

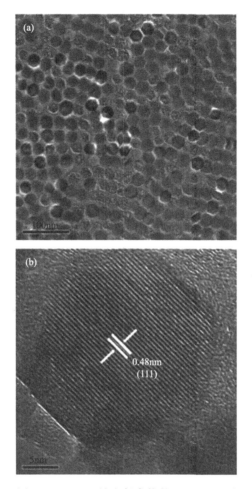

图 2-7　S1-600 纳米复合物的 HRTEM 图

出两大宽峰,即 1350cm^{-1} 处的无序 D 峰,以及 1580cm^{-1} 处的石墨碳峰,也称为 G 峰。图 2-8 是 600℃ 条件下焙烧所得 Fe_3O_4/C 纳米复合材料的拉曼光谱,拉曼光谱测试频率范围 2000~500cm^{-1},激发波长为 532nm。从图 2-8 可以清楚地观察到它们有一个很明显的驼峰,这两个明显的峰分别在 1340cm^{-1}、1590cm^{-1} 处。与 1350cm^{-1} 峰位置相比,纳米复合材料的 D 峰位置略微转向了低频率区。这样的结果正好证实了样品中的碳膜含有大量的晶格缺陷。

1590cm^{-1}处的G峰表明了由于碳的存在，样品的主导结构成为sp^{2}网格结构。此外，在约2840cm^{-1}处的峰是非常明显的2D峰。和1590cm^{-1}处的G峰相比，1340cm^{-1}处的峰强比较弱，表明碳的缺陷域远远低于碳的石墨域。通过对D峰和G峰的强度比（I_D/I_G）进行比较，发现它们的I_D/I_G值都小于1，这就证实了利用油酸离子前驱体碳化后形成的碳是以无定形石墨的形式存在的；S3-600的$I_D/I_G=0.75$，其无序化程度是最小的[11,12]。

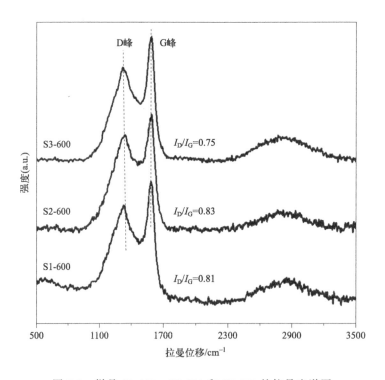

图2-8 样品S1-600、S2-600和S3-600的拉曼光谱图

2.4.5 Fe$_3$O$_4$/C纳米片的XPS表征

为了更进一步确认XRD的结果，通过X射线光电子能谱（XPS）对复合物中的表面氧化态和物质的组成进行了表征，选样品S1-600进行测试，结果如图2-9所示。在图2-9（a）中

第 2 章 Fe₃O₄/C 纳米片在电化学中的应用研究

286eV、532eV、710eV 处分别对应于 C 1s、O 1s、Fe 2p 峰，这样的结果证实所制备得到的样品 S1-600 中含有 C、Fe、O 三种元素。O 1s 在 530.4eV 处的明显特征峰 [图 2-9 (b)] 对应于 Fe_3O_4 中的氧，这能证实 Fe_3O_4 的存在。在图 2-9 (b) 中也可以观察到 531.7eV、533.4eV 处的峰，它们表明了与碳原子结合的 O^{2-} 的存在[13]。图 2-9 (c) 示出样品 S1-600 中 C 1s 的高分辨率光谱图。在 C 1s 的反褶皱中包含三类碳键，分别对应于 C—C (284.7eV)、C—O—C (286.1eV)、O—C═O (288.4eV)。图 2-9 (d) 是 Fe 2p 的 XPS 图。Fe $2p_{3/2}$ 和 Fe $2p_{1/2}$ 自旋轨道峰分别在 709.1eV 和 722.4eV 处，它们正好组成了 Fe_3O_4[14,15]。此外，在

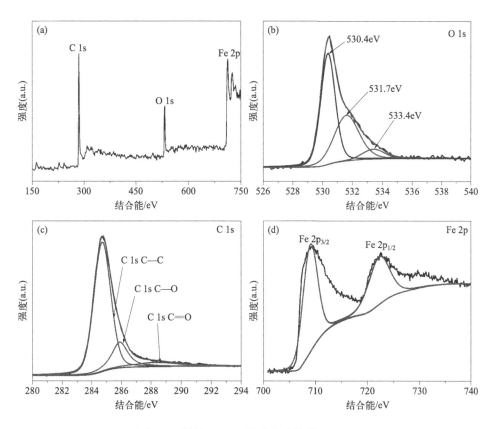

图 2-9 样品 S1-600 纳米复合物的 XPS 图

718.0eV 处的 $\gamma\text{-}Fe_2O_3$ 的特征峰并没有出现，进一步说明了 S1-600 复合物中的铁物相是 Fe_3O_4，与 XRD 的结果相吻合。

2.5 Fe_3O_4/C 纳米片的电化学性能测试

2.5.1 Fe_3O_4/C 纳米片的超级电容器性能测试

为了评价系列样品作为超级电容器电极的性能的差异，首先测试了它们在 1mol/L KOH 电解液中的电化学性能。图 2-10（a）示出在 100mV/s 的扫速下 S1-600、S2-600、S3-600 的循环伏安曲线。从图中可以看出，600℃焙烧后的系列样品表现出一对非常明显的氧化还原峰，证明该电极是典型的氧化还原电极（也称法拉第电极）。从图中也可以发现峰形有差异，S1-600 有最宽的氧化还原峰，推测应该是因为 S1-600 最规则的二维层状结构使得活性物和电解液的界面处有较强的界面电荷转移，氧化还原峰变宽[16]。另外，为了进一步研究碳膜和氧化物之间的协同作用，又对它们的恒电流充放电曲线进行了考察[图 2-10（b）]。相同条件下，形貌尺寸相对大的样品 S3-600 电极具有最长的放电时间，表明样品 S3-600 有较高的电容值。

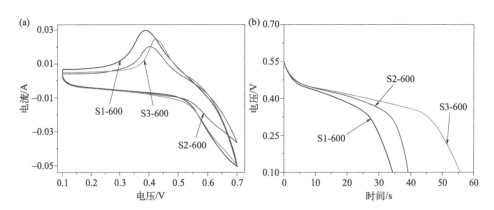

图 2-10 （a）S-600 系列样品在扫速 100mV/s 时的循环伏安曲线；
（b）1A/g 电流密度下的恒电流充放电曲线

第 2 章　Fe₃O₄/C 纳米片在电化学中的应用研究

样品 S3-600 的系列电化学测试结果如图 2-11 所示。图 2-11（a）是不同扫速下测试得到的 CV 曲线，CV 曲线具有显著的一对氧化还原峰。在改变扫速的情况下，当扫速增大时反应电流也会跟着增大，表明它拥有很好的电容性能和高的电容值，因为电容值是和 CV 曲线所包围的峰面积成比例的[17]；反过来也说明该材料具有灵活的离子传递和大的比表面积[18,19]。另一方面，随着扫速的变化，样品的氧化还原峰在保持峰形不变的情况下发生了相应的迁移，证明了该材料较好的电化学可逆性，在 Fe(Ⅱ) 和 Fe(Ⅲ) 之间发生的可逆反应为[20-23]：$FeO + 2OH^- \rightleftharpoons Fe(OH)_2 + 2e^-$，$2Fe^{Ⅱ}O + 2OH^- \rightleftharpoons (Fe^{Ⅲ}O)^+(OH^-)_2(Fe^{Ⅲ}O)^+ +$

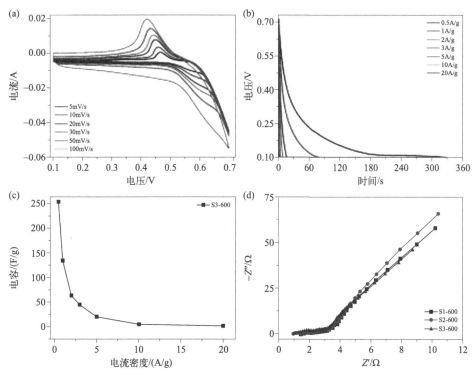

图 2-11　（a）样品 S3-600 在不同扫速下（5～100mV/s）的循环伏安曲线；
（b）不同电流密度下（0.5～20A/g）的恒电流充放电曲线；
（c）在不同电流密度时依据恒电流充放电曲线得到的电容曲线；
（d）电化学阻抗曲线

$2e^-$,通过改变测试电流,得出了 S3-600 在不同电流密度下的恒电流充放电曲线[图 2-11(b)],相应的电容曲线如图 2-11(c)所示。从曲线中可以得出,样品 S3-600 电极在 500mA/g 电流密度下的电容是 253.9F/g。另外,从样品的电化学阻抗谱[图 2-11(d)]可以得出,其在高频区有一个非常小的半圆,说明活性物质在电解液中的传质速度非常快,这是由于中空的 Fe_3O_4 能够缩短通道距离,也能增大活性比表面积。总体来讲,本章所制备的样品 S3-600 展现出了高的电容量。一方面,碳膜提供了大的表面积来改善 Fe_3O_4 颗粒的分散性;另一方面,碳膜非常薄,Fe_3O_4 颗粒的存在正好可以防止反应过程当中碳膜的结块。得益于两者之间的这种协同效应,它们的独特形貌才可以很好地促进电子传输,保持住电荷存储所需的活性表面积,进一步达到提高复合物电极电化学性能的目的。

2.5.2 Fe_3O_4/C 纳米片的锂离子电池性能测试

选择 600℃ 条件下焙烧得到的三种样品,组装成锂离子电池负极材料,并进行 0.01~3.0V 电压范围内的恒电流充放电实验,它们的第一圈循环充放电曲线如图 2-12 所示。从图中曲线可以看出,所制备锂离子电池的放电电压平台在 0.8V 附近,充电曲线的电压平台约是 1.7V。放电曲线中出现电压平台的具体反应过程为:>0.8V 区间内短电压平台的出现是因为 $Li_2(Fe_3O_4)$ 的产生,具体反应式为 $Fe_3O_4+2Li^++2e^-\longrightarrow Li_2(Fe_3O_4)$;0.8V 左右的电压平台是由 Fe 和 Li_2O 产生,反应式为 $Li_2(Fe_3O_4)+6Li^++6e^-\longrightarrow 3Fe+4Li_2O$;<0.8V 范围内出现的电压平台,则是由固体电解质界面膜(SEI 膜)产生。充电曲线大约 1.7V 处出现的电压平台,正好对应了 Fe 氧化成 Fe^{3+} 和 Fe^{2+} 的反应过程:$3Fe+4Li_2O\longrightarrow Fe_3O_4+8Li^++8e^-$。通过对图中三对曲线的比较,在 100mA/g 的电流密度下三样品所制备

的锂离子电池负极材料的可逆比容量分别是 1261mA·h/g（S1-600）、1149mA·h/g（S2-600）和 3925mA·h/g（S3-600）。这样的结果表明 S3-600 的可逆比容量比 S2-600 和 S1-600 提高了大约 211% 和 242%，证明 S3-600 具有更好的电化学性能，因此，对电化学性能更为优异的 S3-600 样品进行了系统的性能测试及评价。

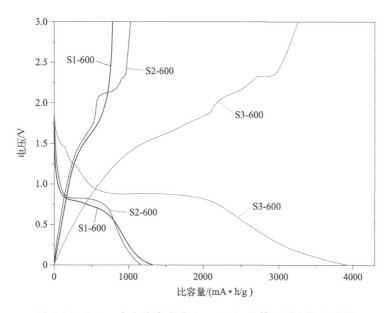

图 2-12　S-600 在电流密度为 100mA/g 的第一圈充放电曲线

图 2-13（a）显示了室温下 S3-600 负极材料在扫速 0.1mV/s、电压 0.01～3.0V 条件下前四圈的 CV 曲线。第一圈的 CV 曲线与随后三圈很明显不同。在第一圈中，几个明显的峰分别在约 0.6V、1.2V、1.6V 和 2.0V 处，通常认为产生这种情况是由于碳的存在，在电极表面和界面发生了副反应，产生固体电解质界面膜（SEI 膜）造成的；另一个原因是 Fe_3O_4 的两步锂化反应，第一步为 $Fe_3O_4 + 2Li^+ + 2e^- \longrightarrow Li_2(Fe_3O_4)$，第二步为 $Li_2(Fe_3O_4) + 6Li^+ + 6e^- \longrightarrow 3Fe + 4Li_2O$[20,24,25]；还有可能是因为在反尖晶石结构转

变成岩盐型结构的过程中晶体结构变化造成了过电压[26,27]。

锂离子电池的充放电测试是一种直接、有效的评价锂离子电池比容量的方法。图2-13（b）展示了在100mA/g的电流密度下，S3-600复合纳米片的恒电流充放电曲线。从图中可得出，在最初的放电过程中，样品有一个高达3925mA·h/g的储锂容量，但充电时的可逆容量只有3263mA·h/g，这就导致首次库仑效率降低了大约17%。首次库仑效率降低的原因有可能是初次不可逆锂的消耗，以及SEI膜的形成或电解液的分解。另一方面，第一圈的锂插入曲线的平台电压约在0.8V，其他循环的插锂平台电压值却在逐渐增大，而且该平台逐渐变得不平，这可能是因为电极材料结晶度的减小或碳表面能的变化[28,29]，这样的结果也进一步表明第一圈发生了不可逆的反应[30]。

为了证明二维S3-600复合纳米片作为锂电池负极材料的优越性，测试了它在电流密度100mA/g时的循环性能[图2-13（c）]。从图中可以得到，第一圈的可逆容量有3924.5mA·h/g，充放电160圈后比容量还能高达2238.8mA·h/g，而且比容量还有增大的趋势，这说明在电极材料中有很灵活有效的锂离子插入/脱出和离子、电子的传输；另一方面，随着反应的进行，活性物逐渐被活化，也有利于电极材料容量的增大；再者，将形貌均匀的Fe_3O_4纳米颗粒牢牢固定在碳膜上的形貌也可以减缓循环过程中的体积变化。碳膜的存在不会阻碍铁基纳米颗粒自由发生锂化反应，而碳膜本身又不会被破坏。

倍率性能也是评价电极材料活性的一个非常重要的参数。600℃条件下焙烧的样品中，S3-600表现出了极好的倍率性能，结果如图2-13（d）。随着电流密度的增大（100mA/g → 1000mA/g），电极材料的比容量逐渐从3092mA·h/g降低到326mA·h/g，这种情况可能是因为反应过程中混合物中碳的结构重组[31]；当从高电流密度变到开始时的100mA/g时，材料的比容量又开始升高，到50

圈时比容量可以达到 875mA·h/g,而且还有继续升高的趋势。Fe_3O_4 的储锂容量的获得主要是通过锂和 Fe_3O_4 之间的可逆置换反应,所以倍率性能测试中容量继续升高的原因可归于反应后形成分散在 Li_2O 矩阵上的 Fe 纳米晶体,同时用来固定金属颗粒的碳膜又能防止形成的 Fe 纳米晶催化分解表层的 SEI 膜。总体来说,600℃氩气气氛焙烧后的 Fe_3O_4/C 复合材料作为锂电池负极材料具有非常好的倍率性能和循环性能,在锂电池方面具有广泛的应用前景。

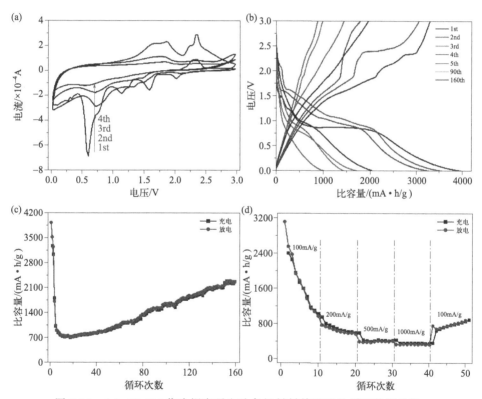

图 2-13 (a) S3-600 作为锂离子电池负极材料前四圈的循环伏安曲线;
(b) 电流密度 100mA/g 下的充放电曲线;(c) 电流密度 100mA/g 下的循环曲线;
(d) 不同电流密度下的倍率性能

图 2-14 是样品 S-600 作为锂离子电池负极材料组装的半电池的电化学阻抗谱图。从图 2-14 可以发现,该谱图是

由非常明显的半圆和直线所构成的。半圆直径是很小的，证明 S3-600 具有很小的电荷传输阻抗，因为半圆直径代表了电荷传输阻抗和锂离子在 SEI 膜中的扩散迁移阻抗。而低频区的直线部分的斜率代表的是锂离子在活性物中的扩散阻抗，结合图 2-14 能看出，S3-600 和 S1-600 直线的倾斜度相近，表明它们在电解液中的传质和扩散速度都很快。因此，600℃氩气气氛下焙烧后的 Fe_3O_4/C 复合材料作为锂电池负极材料具有非常好的比容量、倍率性能和循环性能，有非常好的应用前景。

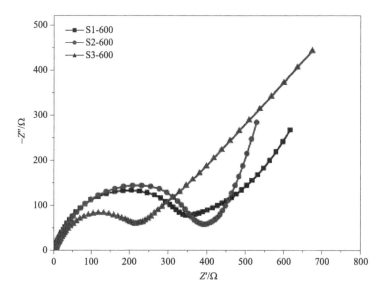

图 2-14　S-600 纳米复合物的电化学阻抗谱图（频率范围：100kHz～100MHz）

在本章中，通过简单有效的一步熔融盐焙烧法对金属-油酸混合物前驱体进行焙烧，成功合成出单分散的纳米立方体 Fe_3O_4 镶嵌在碳膜上的二维纳米复合物。二维纳米复合物中，高分散的 Fe_3O_4 纳米立方体被牢固地镶嵌在片状的碳支撑体上。对立方体 Fe_3O_4/C 纳米复合物进行了系统的电化学性能测试。

① 其应用于超级电容器电极材料时，在不同的扫速下，材料的循环伏安曲线出现了明显的氧化还原峰，且峰形都保持很好，表明该材料具有很好的电化学可逆性。在500mA/g 的电流密度下，S3-600 样品的电容可以达到253.9F/g。在复合材料中的碳膜可以有效防止金属氧化物颗粒的团聚，保持纳米晶体的形状和尺寸，显著地增强 Fe_3O_4 作为超级电容器电极的电化学性能。

② 当将产物作为锂离子电池负极材料时，在100mA/g 的电流密度下 S3-600 的首次可逆容量可以高达3924.5mA·h/g，循环充放电160圈后它的比容量还能高达2238.8mA·h/g，比容量还有继续增大的趋势；当改变电流密度时（100mA/g→1000mA/g→100mA/g），S3-600电极的容量从3092mA·h/g 逐渐降低到326mA·h/g，到50圈时又升高达到875mA·h/g，且有继续升高的趋势。

总体来说，600℃氩气气氛下焙烧后的 Fe_3O_4/C 复合材料无论是作为超级电容器，还是作为锂电池负极材料都具有较好的倍率性能和循环性能，可以在电化学方面有非常好的应用前景。

◆ 参考文献

[1] Avci C, Ariñez-Soriano J, Carné-Sánchez A, et al. Post-synthetic anisotropic wet-chemical etching of colloidal sodalite ZIF crystals [J]. Angewandte Chemie International Edition, 2015, 127(48): 14625-14629.

[2] Cho J S, Won J M, Lee J H, et al. Synthesis and electrochemical properties of spherical and hollow-structured NiO aggregates created by combining the Kirkendall effect and Ostwald ripening [J]. Nanoscale, 2015, 7 (46): 19620-19626.

[3] Sasidharan M, Gunawardhana N, Senthil C, et al. Micelle templated NiO hollow nanospheres as anode materials in lithium ion batteries[J]. Journal of

Materials Chemistry A, 2014, 2(20): 7337-7344.

[4] Son Y, Son Y, Choi M, et al. Hollow silicon nanostructures via the Kirkendall effect[J]. Nano Letters, 2015, 15(10): 6914-6918.

[5] Zielinski M S, Choi J W, La Grange T, et al. Hollow mesoporous plasmonic nanoshells for enhanced solar vapor generation[J]. Nano Letters, 2016, 16(4): 2159-2167.

[6] Su C W, Zhou L X, Li J M, et al. Oxidation of Fe_3N for a high-energy-density anode in lithium ion batteries [J]. International Journal of Electrochemical Science, 2014, 9(12): 7935-7947.

[7] Wang Q, Jiao L, Du H, et al. Fe_3O_4 nanoparticles grown on graphene as advanced electrode materials for supercapacitors [J]. Journal of Power Sources, 2014, 245: 101-106.

[8] Lu K, Jiang R, Gao X, et al. Fe_3O_4/carbon nanotubes/polyaniline ternary composites with synergistic effects for high performance supercapacitors[J]. RSC Advances, 2014, 4(94): 52393-52401.

[9] Li L, Gao P, Gai S, et al. Ultra small and highly dispersed Fe_3O_4 nanoparticles anchored on reduced graphene for supercapacitor application [J]. Electrochimica Acta, 2016, 190: 566-573.

[10] Li L, Gao P, Gai S, et al. Ultra small and highly dispersed Fe_3O_4 nanoparticles anchored on reduced graphene for supercapacitor application[J]. Electrochimica Acta, 2016, 190: 566-573.

[11] Sadezky A, Muckenhuber H, Grothe H, et al. Raman microspectroscopy of soot and related carbonaceous materials: Spectral analysis and structural information[J]. Carbon, 2005, 43(8): 1731-1742.

[12] Poizot P, Laruelle S, Grugeon S, et al. ChemInform Abstract: Nano-Sized Transition-Metal Oxides as Negative-Electrode Materials for Lithium-Ion Batteries[J]. Cheminform, 2000, 407(6803): 496.

[13] Shao Y, Zhang S, Engelhard M H, et al. Nitrogen-doped graphene and its electrochemical applications[J]. Journal of Materials Chemistry, 2010, 20(35): 7491-7496.

[14] Dong Y C, Ma R G, Hu M J, et al. Scalable synthesis of Fe_3O_4 nanoparticles anchored on graphene as a high-performance anode for lithium ion batteries[J]. Journal of Solid State Chemistry, 2013, 201(10): 330-337.

[15] Zhang W, Li X, Liang J, et al. One-step thermolysis synthesis of two-dimensional

ultrafine Fe$_3$O$_4$ particles/carbon nanonetworks for high-performance lithium-ion batteries[J]. Nanoscale, 2016, 8(8): 4733.

[16] Li X, Zhang L, He G. Fe$_3$O$_4$ doped double shelled hollow carbon spheres with hierarchical pore network for durable high-performance supercapacitor[J]. Carbon, 2016, 99: 514-522.

[17] Li L, Li R, Gai S, et al. Facile fabrication and electrochemical performance of flower-like Fe$_3$O$_4$@C@layered double hydroxide(LDH) composite[J]. Journal of Materials Chemistry A, 2014, 2(23): 8758-8765.

[18] Lei Y, Li J, Wang Y, et al. Rapid microwave-assisted green synthesis of 3D hierarchical flower-shaped NiCo$_2$O$_4$ microsphere for high-performance supercapacitor[J]. ACS Applied Materials Interfaces, 2014, 6(3): 1773-1780.

[19] Yi H, Wang H, Jing Y, et al. Asymmetric supercapacitors based on carbon nanotubes@NiO ultrathin nanosheets core-shell composites and MOF-derived porous carbon polyhedrons with super-long cycle life[J]. Journal of Power Sources, 2015, 285: 281-290.

[20] Li X, Zhang L, He G. Fe$_3$O$_4$ doped double-shelled hollow carbon spheres with hierarchical pore network for durable high-performance supercapacitor[J]. Carbon, 2016, 99: 514-522.

[21] Oh I, Kim M, Kim J. Fe$_3$O$_4$/carbon coated silicon ternary hybrid composite as supercapacitor electrodes[J]. Applied Surface Science, 2015, 328: 222-228.

[22] Li Q, Mahmood N, Zhu J, et al. Graphene and its composites with nanoparticles for electrochemical energy applications[J]. Nano Today, 2014, 9(5): 668-683.

[23] O'Neill L, Johnston C, Grant P S. Enhancing the supercapacitor behaviour of novel Fe$_3$O$_4$/FeOOH nanowire hybrid electrodes in aqueous electrolytes[J]. Journal of Power Sources, 2015, 274: 907-915.

[24] Wu H B, Xia B Y, Yu L, et al. Porous molybdenum carbide nano-octahedrons synthesized via confined carburization in metal-organic frameworks for efficient hydrogen production[J]. Nature Communications, 2015, 6(1): 1-8.

[25] Zhang J, Huang T, Liu Z, et al. Mesoporous Fe$_2$O$_3$ nanoparticles as high performance anode materials for lithium-ion batteries[J]. Electrochemistry Communications, 2013, 29: 17-20.

[26] Sickafus K E, Hughes R. Spinel Compounds: Structure and Property Relations [J]. Journal of the American Ceramic Society, 1999, 82(12): 3277-3278.

[27] Yang Z, Shen J, Archer L A. An in situ method of creating metal oxide-carbon composites and their application as anode materials for lithium-ion

batteries[J]. Journal of Materials Chemistry, 2011, 21(21): 11092-11097.

[28] Zhang W M, Wu X L, Hu J S, et al. Carbon Coated Fe_3O_4 Nanospindles as a Superior Anode Material for Lithium-Ion Batteries [J]. Advanced Functional materials, 2008,18(24): 3941-3946.

[29] Needham S A, Wang G X, Konstantinov K, et al. Electrochemical performance of Co_3O_4-C composite anode materials[J]. Electrochemical and Solid-State Letters, 2006, 9(7): A315.

[30] Liu D, Wang X, Wang X, et al. Ultrathin nanoporous Fe_3O_4-carbon nanosheets with enhanced supercapacitor performance[J]. Journal of Materials Chemistry A, 2013, 1(6): 1952-1955.

[31] Gnanaraj J S, Levi M D, Levi E, et al. Comparison between the electrochemical behavior of disordered carbons and graphite electrodes in connection with their structure[J]. Journal of the Electrochemical Society, 2001, 148(6): A525.

第3章

$Fe_3O_4-Fe_xN(x=1, 3)/C$ 纳米片在电化学中的应用研究

铁基纳米材料及其在电化学中的应用

随着能源消耗的增加和化石燃料的逐渐枯竭,以及对多功能集成电路的不断增长的需求,高效、小型化、紧凑的能量存储设备成为迫切的要求[1-5]。在理想情况下,这些设备应该具有环保、安全、经济可行、高功率密度、高能量密度和长的循环寿命等特点。为此,锂离子电池受到持续关注,被应用到很多领域,如便携式电子设备、电动工具、电动汽车和混合电动汽车等领域[6-8]。但是锂离子电池的功率密度相对较低,小于1kW/kg,而超级电容器却高达10kW/kg[9]。为了满足现在高速发展的动力设备对电源的要求[10],具有高功率密度、快速充电-放电速率、长寿命等特性的超级电容器成为研究热点。

到目前为止,科研人员已经采用很多方法来提高超级电容器的能量和功率密度,发展纳米结构的电极材料就是其中一种方法[11]。如$Ni(OH)_2$[12]、MnO_2[13]、RuO_2[14,15]、Co_3O_4[15-17]等金属氧化物或氢氧化物的赝电容,或聚噻吩[18]、聚苯胺[19]、聚吡咯[20]等具有高容量的聚合物类电容器;而拥有长循环性和快速频率响应的纳米碳(如活性炭[21,22]、碳化物衍生的碳材料[23,24]、洋葱碳[25]、碳纳米管[26,27])(被称为双电层电容器)也被用作超级电容器电极材料。但是,纳米碳电极的复杂的多孔结构会严重影响超级电容器的高功率处理性能的实现,因为这么复杂的结构会延长离子扩散的距离[28]。

磁铁矿是一种环境友好型材料,研究者进行各种努力致力于合成不同形貌的材料,纳米尺寸得到了强烈关注,因为纳米尺寸是决定金属氧化物性能的一个关键因素。研究最广泛的是功能化的超顺磁性纳米Fe_3O_4颗粒(NPs)。在实际应用中,这种磁性纳米材料也会产生问题。一方面,裸露的Fe_3O_4纳米颗粒具有较高的化学反应活性,很容易被氧化;另一方面,其大的表面积和体积比也使得NPs很容易发生团聚。这些都导致该材料出现弱磁性和差分散性,限制它们的进一步实际应用[29-31]。

到目前为止,研究人员采取很多策略来克服以上的问题，如制备成纳米结构[32-37]、碳包覆、纳米复合物[38-45]等。Lim课题组通过离子吸附技术制备中空Fe_3O_4微球，结果表明，该样品具有高的可逆容量和循环稳定性[46]；Chen的团队合成了具有高循环性的多孔中空Fe_3O_4，在100mA/g的电流密度下循环50圈后容量还能保持500mA·h/g[47]。

在研究的众多电极材料中，过渡金属氮化物由于本身具有高可逆性、低充放电电位平台、大比容量、优良电化学惰性和高熔点等特征，引发广大科研工作者的强烈关注。虽然过渡金属氮化物可以表现出诸多特点，但是单独利用过渡金属氮化物作为电极材料时会伴随极化现象严重、库仑效率太低、充放电性太差、电压滞后、体积膨胀等不利现象。为了解决这些问题，就需要将过渡金属氮化物和其他材料进行复合，制备出过渡金属氮化物基复合材料，以此来提高材料的电化学性能。例如，核壳结构的Fe_3O_4@Fe_3N纳米颗粒可以表现出更好的电化学性能[48]。

本章采用简单的一步熔融盐焙烧法通过氨气氮化直接制备分散均匀的Fe_3O_4-Fe_xN/C复合材料，测试该材料的电化学性能。在测试电化学储能器件性能过程中，氮化铁可以大大削减材料的体积变化，同时也能增强Fe_3O_4的导电性，将其应用到电化学储能器件中可以表现出较好的电化学性能。

3.1 电容器电极的制备

样品的合成示意图如图3-1所示，编号如表3-1所示。将合成的样品Fe_3O_4-Fe_xN（$x=1,3$）/C纳米片、导电炭黑和聚四氟乙烯乳液（PTFE）按质量比5∶1∶1混于一定量乙醇溶液中，超声5min后，在60℃烘箱中除去溶剂，得到胶黏状混合物。然后将混合物在对辊机上碾压成均匀薄片，切成约1cm×1cm的方形后贴在泡沫镍上，在高压（约8MPa）条件下压成薄膜状，制备成超级电容器的电极。

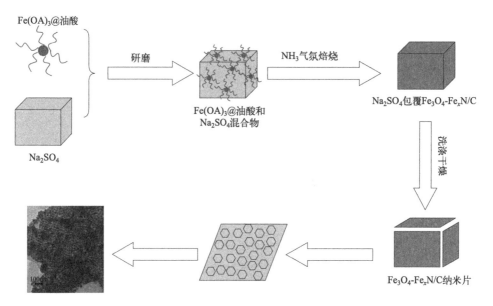

图 3-1 样品合成的示意图

表 3-1 不同制备条件所得样品

样品编号	H_2O/mL	乙醇/mL	正己烷/mL	NaOA/mmol	KOH/mmol	焙烧环境					
						Ar 气氛			NH_3 气氛		
						速率/(℃/min)	温度/℃	时间/h	速率/(℃/min)	温度/℃	时间/h
A1-700	20	—	—	40	—	1	250	1	5	700	3
A1-750	20	—	—	40	—	1	250	1	5	750	3
A1-800	20	—	—	40	—	1	250	1	5	800	3
A2-700	20	40	60	40	40	1	250	1	5	700	3
A2-750	20	40	60	40	40	1	250	1	5	750	3
A2-800	20	40	60	40	40	1	250	1	5	800	3
A3-700	20	40	60	40	—	1	250	1	5	700	3
A3-750	20	40	60	40	—	1	250	1	5	750	3
A3-800	20	40	60	40	—	1	250	1	5	800	3

3.2 电化学性能测试条件

电化学测试采用三电极体系,制备得到的样品电极作为工作电极,甘汞电极为参比电极,铂电极为对电极,电解液为 1mol/L KOH 溶液。测试前将工作电极放入 KOH 电解液中浸泡 12h。循环伏安、恒电流充放电及交流阻抗(频率范围:100kHz~100MHz)测试在型号为 CHI 660D 的电化学工作站上进行。其比容量 C 利用第 2 章的式 (2-1) 计算。

3.3 Fe_3O_4-Fe_xN(x = 1,3) /C 纳米片的表征讨论

3.3.1 Fe_3O_4-Fe_xN(x=1,3)/C 纳米片的形貌表征

为了直观观察产物的微观结构和形貌,对样品进行了 TEM 表征,图 3-2 展示了纳米复合物的 TEM 图。从图 3-2 (a)、(d)、(g) 可以看出,A-700 样品的形貌都是金属颗粒均匀镶嵌在碳膜上,并没有出现颗粒堆积和团聚的现象。从图 3-2 (a)~(c) 可以看出,随着焙烧温度的升高,样品的颗粒逐渐变小,且随着焙烧温度的升高,样品中的碳膜并没有消失。另外,从图 3-2 也可以发现,A2 和 A3 系列样品的形貌随焙烧温度的变化并没有发生规律变化,样品的形貌有薄片、棒或梳子状。这些情况可以进一步说明,氨化温度的变化、前驱体的不同对产物的形貌均有不同程度的影响。单从形貌上来看,可以产生均匀规整形貌的较优氨化条件就是 A1 系列的反应条件。

3.3.2 Fe_3O_4-Fe_xN(x=1,3)/C 纳米片的 XRD 和 Raman 表征

对 A1 系列样品的晶相和结构信息进行了 XRD 表征,结果如图 3-3 所示。样品的所有衍射峰都能够很好地和立方

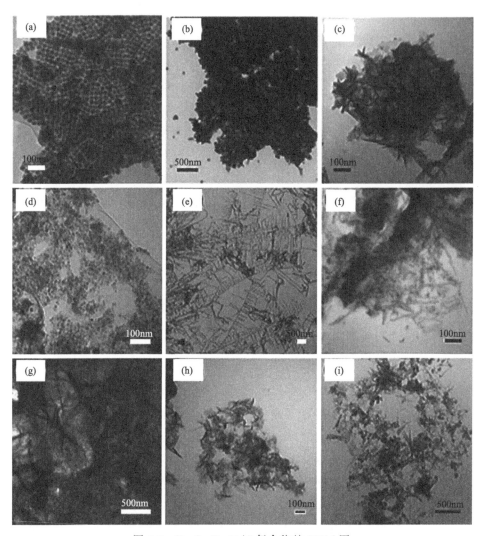

图 3-2 Fe_3O_4-Fe_xN/C 复合物的 TEM 图
(a) A1-700；(b) A1-750；(c) A1-800；(d) A2-700；
(e) A2-750；(f) A2-800；(g) A3-700；(h) A3-750；(i) A3-800

晶相的 Fe_3O_4（JCPDS♯89-0951）、Fe_3N（JCPDS♯72-2125）和 FeN（JCPDS♯88-2153）相吻合，表明所制备的样品中只含有 Fe_3O_4、Fe_3N 和 FeN 晶相，并无其他杂质存在。从图 3-3 中的谱图形状来看，随着温度从 700℃ 升高到 800℃，样品谱图中 Fe_3O_4 的峰宽逐渐变大，证明随着焙烧温度的升高，Fe_3O_4 颗粒的粒径逐渐变小，与 TEM 图结果相吻合。

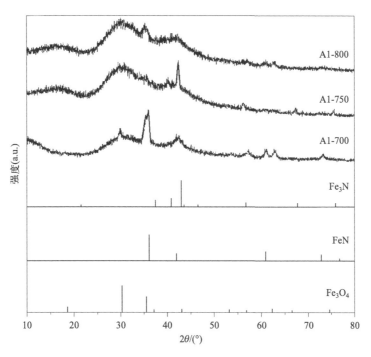

图 3-3　Fe_3O_4-Fe_xN/C 纳米复合物的 XRD 图

为了更准确地识别复合物中碳的结合和微观结构，对 A1 系列产物又进行了 Raman（拉曼光谱）表征，其结果如图 3-4 所示。从图 3-4 中可以清楚地发现，所制备的 Fe_3O_4/C 纳米复合材料具有非常明显的碳材料驼峰光谱，即 1340 cm^{-1} 处的无序 D 峰，以及 1601 cm^{-1} 处的石墨碳峰，也称为 G 峰。与 1350 cm^{-1} 峰相比，三种纳米复合材料的 D 峰位置略微转向低频率区。这样的结果正好证实了样品中的碳膜含有大量的晶格缺陷。此外，和 1601 cm^{-1} 处的 G 峰相比，1340 cm^{-1} 处的峰是逐渐增强的，表明碳的缺陷域开始慢慢高于碳的石墨域。通过对三者的 D 峰和 G 峰的强度比（I_D/I_G）进行计算，发现了它们的 I_D/I_G 值分别为

0.95、1.02 和 1.16。通过比较这些数据发现，随着焙烧温度的升高，有机前驱体炭化后形成的无定形碳的无序程度是在增大的，碳膜中的晶格缺陷也相应增多了[49]。

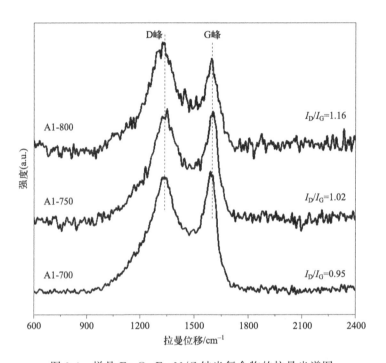

图 3-4　样品 Fe_3O_4-Fe_xN/C 纳米复合物的拉曼光谱图

3.3.3　Fe_3O_4-$Fe_xN(x=1,3)$/C 纳米片的 XPS 表征

XPS 被进一步用来确认纳米复合材料的组成形式，结果如图 3-5 所示。在图 3-5（a）中能看到 285eV、531eV、709eV、401eV 处的结合能，它们分别对应于 C 1s、O 1s、Fe 2p、N 1s 峰，结果说明制备得到的样品 A1-700 中确实含有 C、Fe、O、N 四种元素。图 3-5（b）为复合物中 Fe 2p 的高分辨率 XPS 图，Fe $2p_{3/2}$、Fe $2p_{1/2}$ 自旋轨道分别与 709.4eV、723.4eV 处的特征峰对应。另外，在图 3-5（b）中大约 718.0eV 处并没有明显的 γ-Fe_2O_3 特征峰，这就进

一步证明合成材料中的铁物相不含有 $\gamma\text{-}Fe_2O_3$ 而是含有 Fe_3O_4，正好与上述 XRD 图吻合；此外，在约 707eV 处的峰属于 Fe_3N[50-52]。这些结果揭示了在 $Fe(OH)_3$@OA 前驱

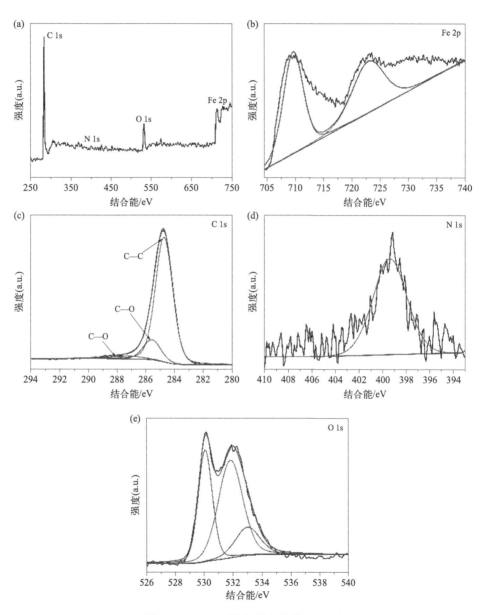

图 3-5　A1-700 纳米复合物的 XPS 图

体热解形成碳和铁基化合物的过程中，碳的碳热反应能够诱导氮化铁、氧化铁的产生，同时铁基化合物又可以提高碳的石墨化程度[53,54]。对杂化碳原子（C—C），证实了有石墨化结构的碳层的形成［图 3-5（c）][55,56]。同时，N 1s 光谱的拟合峰分别在 400.6eV、399.0eV 处，正好证明了 N 原子和 O 原子、Fe 原子的结合［图 3-5（d）]。所有这些结果表明了 Fe_3O_4 已经成功地掺杂了 N 原子，氮化铁确实在氧化铁颗粒中存在。

3.4 Fe_3O_4-Fe_xN(x=1,3)/C 纳米片的超级电容器性能

为了评价氨化后系列样品作为超级电容器电极的电化学性能的差异，测试了 700℃ 氨化后样品在 1mol/L KOH 电解液中的电化学性能，结果如图 3-6 所示。从图 3-6（a）中可以看出，A-700 系列样品有非常明显的氧化还原峰，证明该电极是典型的氧化还原电极（也称法拉第电极）；三条曲线的峰形有差异，样品 A1-700 有比较窄的氧化还原峰，A2-700 的峰最宽。另外，为了进一步研究碳层和氧化物之间的协同作用，通过测试恒电流充放电曲线对样品的电容进行考察［图 3-6（b）]。在相同测试条件下，样品 A1-700 电极具有最长的放电时间，表明样品 A1-700 有最高的电容，随后对 A1-700 样品进行系列电化学性能测试，结果如图 3-7 所示。

A1-700 样品的电化学性能测试结果如图 3-7 所示。图 3-7（a）是改变扫速的条件下所测得的循环伏安曲线，在图中可以非常清楚地发现，CV 曲线存在很明显的氧化还原峰。当扫速增大时反应电流也会跟着增大，表明电极材料拥有很好的电容性能[55]；该材料具有灵活快速的离子传递性能和大的比表面积[57,58]；此外，CV 曲线的形状随着扫速的变化是相互独立的，这都是因为电极材料的传质和导电

第3章 Fe_3O_4-Fe_xN (x = 1, 3)/C 纳米片在电化学中的应用研究

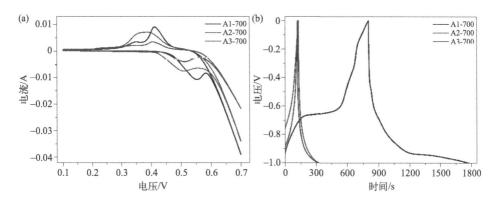

图 3-6 (a) A-700 系列样品在扫速 5mV/s 时的循环伏安曲线；
(b) 0.5A/g 电流密度下的恒电流充放电曲线

性能被提高了[59]。随着扫速变化，样品的氧化还原峰的位置在保持峰形不变的情况下发生了相应的迁移，这归因于较强的界面电荷转移和更高电流扫描速率时的电极极化[56]。通过改变测试电流，得到了 A1-700 在不同电流密度下的恒电流充放电曲线，结果如图 3-7 (b) 所示，相应的电容曲线如图 3-7 (c) 所示。从图 3-7 (b) 可知，电荷存储反应是和赝电容的电容性能有关，赝电容的放电斜率和 CV 曲线中的氧化还原峰是可以相互符合的。从图 3-7 (c) 中可看出，样品 A1-700 电极在 500mA/g 时具有最长的放电时间，在该电流密度下的电容高达 707.9F/g，而在其他电流密度 (1A/g、2A/g、3A/g 和 5A/g) 时的电容分别为 319.4F/g、198.0F/g、147.4F/g 和 96.4F/g。

为了更深入地了解样品 A-700 的电化学性能，测试了电化学阻抗谱（EIS），结果如图 3-7 (d) 所示。EIS 曲线的特点是在高频区曲线和横轴的交点是电极的等效串联阻抗 R_s，半圆直径是电极和电解液接触界面的电荷传质阻抗 R_{ct}，R_{ct} 反映了活性物质电子在电解液中的转移速率；低频区的直线代表的是限制质量传递的阻抗。从图 3-7 (d) 可以看出，A-700 的尼奎斯特曲线在高频区都展现出比较小的

半圆，低频区类似直线。通过对三者进行比较发现，A1-700 在高频区具有最小的半圆，这样的结果表明了 A1-700 电极材料具有比较快的电荷传递速率，可以加快复合物的电荷集流体和活性物之间的电子传递；而在低频区又拥有最大斜率，斜率越大越能够证明 A1-700 复合物中的碳膜在电极稳定性方面起到的是积极作用，而非阻碍作用。

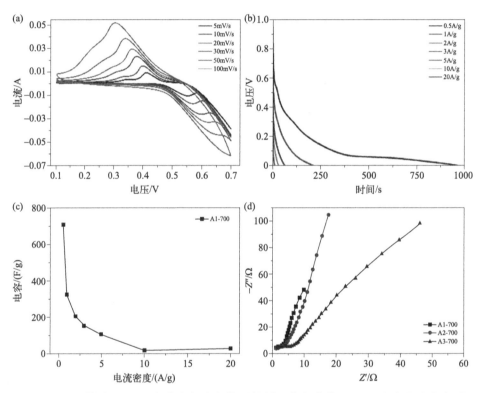

图 3-7　(a) 样品 A1-700 在改变扫速条件下的循环伏安曲线；(b) 改变电流密度后的恒电流充放电曲线；(c) 依据恒电流充放电曲线得到的电容曲线；(d) 电化学阻抗曲线

750℃氨化后的样品在 1mol/L KOH 电解液中的电化学性能的测试结果如图 3-8 所示。从图 3-8 (a) 中可以看出，A-750 系列样品有明显的氧化还原峰。从图中也可以发现三条曲线的峰形有差异，样品 A2-750 有比较窄的氧化还原峰，而 A3-750 的峰是最宽的。在同样的条件下也测试了它们的恒电流充放电曲线，结果如图 3-8（b）所示。相同条件下，样品 A3-750 电极具有最长的放电时间，表明样品 A3-750 有最高的电容，随后对它进行了系列电化学性能测试，结果如图 3-9 所示。

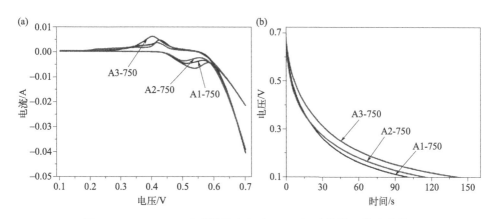

图 3-8　（a）A-750 系列样品在扫速 5mV/s 时的循环伏安曲线；
　　　　（b）电流密度 0.5A/g 时的恒电流充放电曲线

图 3-9（a）是改变扫速的条件下所测得的循环伏安曲线，当扫速增大时反应电流会跟着增大，表明它拥有很好的电容性能[55]；该材料具有灵活快速的离子传递性能和大的比表面积[58,59]；此外，CV 曲线的形状随着扫速的变化是相互独立的，这都是因为电极材料的传质和导电性能均不同程度提高[60]。另一方面，随着扫速的变化，样品的氧化还原峰在保持峰形不变的情况下发生了相应的迁移，这归因于较强的界面电荷转移和更高电流扫描速率时的电极极化[56]。通过改变测试电流，得到了 A3-750 在不同电流密度下的恒电流充放电曲线，结果如图 3-9（b）所示，而相应的电容值如图 3-9（c）所示。由此得出，样品 A3-750 电极在 500mA/g 时具有最长的放电时间，在该电流密度下的电容为 121.8F/g。和 700℃ 焙烧样品的电容相比，该电容是

比较低的。产生这种结果的原因是：随焙烧温度升高，复合物中的碳含量在减少，而碳含量对电极性能起到的积极作用不能抵消它所引起的阻抗影响，从而造成该材料的电容明显降低。

样品 A-750 的电化学阻抗谱的测试结果如图 3-9（d）所示，虽然都是由半圆和类直线所组成，但是在高频区 A3-750 明显具有最小的半圆，表明 A3-750 电极材料具有更快的电荷传递速率和更小的质量传递阻力，反映了活性物的电子在电解液中的转移速率很快。

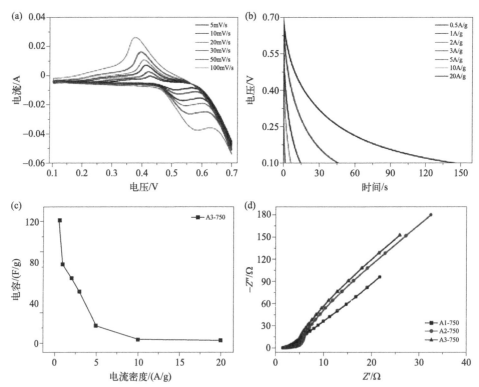

图 3-9 （a）样品 A3-750 在改变扫速条件下的循环伏安曲线；（b）改变电流密度后的恒电流充放电曲线；（c）依据恒电流充放电曲线得到的电容曲线；（d）电化学阻抗曲线

对 800℃ 氨化的样品也测试了电化学性能，结果如图 3-10 所示。从图 3-10（a）中可以看出，800℃ 氨化后的系列样品也有明显的氧化还原峰。在从图中发现三条曲线的峰形有差异，样品 A2-800 有比较宽的氧化还原峰。在同样的条件下测试了它们的恒电流充放电曲线，结果如图 3-10 (b) 所示。样品 A2-800 电极具有最长的放电时间，表明样品 A2-800 有最高的电容，随后对它进行了系列电化学性能测试，结果如图 3-11 所示。

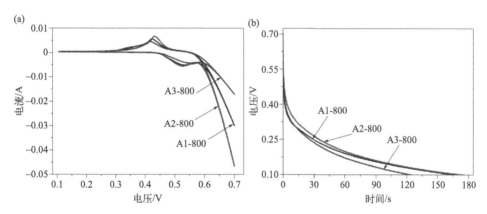

图 3-10 （a）A-800 系列样品在扫速 5mV/s 时的循环伏安曲线；
（b）0.5A/g 电流密度下的恒电流充放电曲线

从图 3-11（a）可以看出，当改变测试扫速时，反应电流会随扫速的增大而增大，这证明该样品电极拥有很好的电容性能[55]；另一方面，随着扫速的变化，样品的氧化还原峰在保持峰形不变的情况下也发生了相应的迁移，这是因为较强的界面电荷转移和更高电流扫描速率时的电极极化[56]。通过改变测试电流，得到了 A2-800 在不同电流密度下的恒电流充放电曲线，结果如图 3-11（b）所示，而相应的电容曲线如图 3-11（c）所示，样品 A2-800 电极在 500mA/g 时的电容可以达到 148.2F/g。

A-800 系列样品的 EIS 测试结果如图 3-11（d）所示，在高频区都具有一个小半圆，低频区都呈现线型，结果表明 A-800 电极材料具有比较快的电荷传递速率，可以在电解液中快速传质，具有比较高的超级电容器性能，可以应用到储能设备领域。

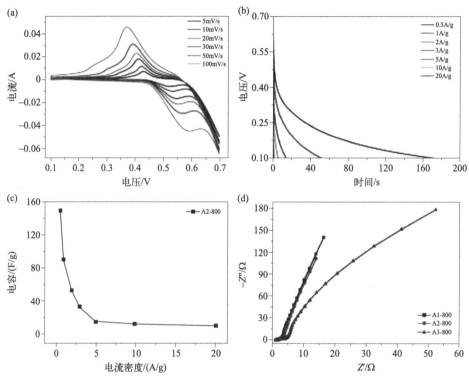

图 3-11 （a）样品 A2-800 在不同扫速下的循环伏安曲线；（b）不同电流密度下的恒电流充放电曲线；（c）依据恒电流充放电曲线得到的电容曲线；（d）电化学阻抗曲线

在本章中，对 $Fe(OH)_3$@油酸的混合物采用一步熔融盐焙烧法在氨气气氛下焙烧得到二维的均匀负载在碳膜上的纳米 Fe_3O_4-Fe_xN ($x=1,3$) 复合材料。通过对产物进行形貌表征得出在反应时不加碱、不加有机溶剂、焙烧温度 700℃时得到的产物 A1-700 具有更加规整的形貌。此时，样品形貌是尺寸均匀的立方体 Fe_3O_4-Fe_xN 均匀镶嵌在碳膜上。将该产物应用于超级电容器电极进行测试，在电流密度 500mA/g 时样品 A1-700 的电容高达 707.9F/g，而当电流密度增大到 3A/g 时,还有 147.4F/g 的电容。

二维 Fe_3O_4-Fe_xN/C 复合材料极好的性能归功于三点:①多孔结构中铁基化合物和碳层之间的协同作用;②碳层的高导电性;③氧化还原活性的铁基化合物的存在。结构规整、连续的碳膜所起的作用是很好保持了金属颗粒的完整,增大了电极材料的导电性。本章研究不仅提供了一条合成 Fe_3O_4-Fe_xN/C 复合材料的新方法,还证明了该材料应用于电化学方面的优势,为先进能量存储设备的发展提供了参考。

参考文献

[1] Chmiola J, Largeot C, Taberna P L, et al. Monolithic carbide-derived carbon films for micro-supercapacitors[J]. Science, 2010, 328(5977): 480-483.

[2] Kyeremateng N A, Brousse T, Pech D. Microsupercapacitors as miniaturized energy-storage components for on-chip electronics[J]. Nature Nanotechnology, 2017, 12(1): 7-15.

[3] Qi D, Liu Y, Liu Z, et al. Design of architectures and materials in in-plane micro-supercapacitors: current status and future challenges[J]. Advanced Materials, 2017, 29(5): 1602802.

[4] Rogers J A, Someya T, Huang Y J. Materials and mechanics for stretchable electronics[J]. Science, 2010, 327(5973): 1603-1607.

[5] Zheng S, Li Z, Wu Z S, et al. High packing density unidirectional arrays of vertically aligned graphene with enhanced areal capacitance for high-power micro-supercapacitors[J]. ACS Nano, 2017, 11(4): 4009-4016.

[6] Jeong G, Kim Y U, Kim H, et al. Prospective materials and applications for Li secondary batteries[J]. Energy & Environmental Science, 2011, 4(6): 1986-2002.

[7] Liu Y, Liu D, Zhang Q, et al. Engineering nanostructured electrodes away from equilibrium for lithium-ion batteries[J]. Journal of Materials Chemistry A, 2011, 21(27): 9969-9983.

[8] Li H, Zhou H J. Enhancing the performances of Li-ion batteries by carbon-coating: present and future[J]. Chemical Communications, 2012, 48(9): 1201-1217.

[9] Lee S W, Gallant B M, Byon H R, et al. Nanostructured carbon-based electrodes: bridging the gap between thin-film lithium-ion batteries and electrochemical capacitors[J]. Energy & Environmental Science, 2011, 4(6): 1972-1985.

[10] Statistics N. Mapping 2005 State Proficiency Standards onto the NAEP scales. research and development report NCES 2007-482[J]. National Center for Education Statistics, 2007: 54.

[11] Zheng S, Li Z, Wu Z S, et al. High packing density unidirectional arrays of vertically aligned graphene with enhanced areal capacitance for high-power micro-supercapacitors[J]. ACS Nano, 2017, 11(4): 4009-4016.

[12] Wang H, Casalongue H S, Liang Y, et al. $Ni(OH)_2$ nanoplates grown on graphene as advanced electrochemical pseudocapacitor materials[J]. Journal of the American Chemical Society, 2010, 132(21): 7472-7477.

[13] Xu P, Wei B, Cao Z, et al. Stretchable wire-shaped asymmetric supercapacitors based on pristine and MnO_2 coated carbon nanotube fibers [J]. ACS Nano, 2015, 9(6): 6088-6096.

[14] Wu Z S, Wang D W, Ren W, et al. Anchoring hydrous RuO_2 on graphene sheets for high-performance electrochemical capacitors [J]. Advanced Functional Materials, 2010, 20(20): 3595-3602.

[15] Xu J, Wang Q, Wang X, et al. Flexible asymmetric supercapacitors based upon Co_9S_8 nanorod/Co_3O_4 @ RuO_2 nanosheet arrays on carbon cloth[J]. ACS Nano, 2013, 7(6): 5453-5462.

[16] Dong X C, Xu H, Wang X W, et al. 3D graphene-cobalt oxide electrode for high-performance supercapacitor and enzymeless glucose detection[J]. ACS Nano, 2012, 6(4): 3206-3213.

[17] Balasundari S, Jayasubramaniyan S, Thangavel P, et al. Heterostructure CuO/Co_3O_4 nanocomposite: an efficient electrode for supercapacitor and electrocatalyst for oxygen evolution reaction applications[J]. ACS Applied Engineering Materials, 2023, 1(1): 606-615.

[18] Qureshi S S, Nimauddin S, Mazari S A, et al. Ultrasonic-assisted synthesis of polythiophene-carbon nanotubes composites as supercapacitors [J]. Journal of Materials Science: Materials in Electronics, 2021, 32(12): 16203-

16214.

[19] Wang H, Xie Y. Hydrogen bond enforced polyaniline grown on activated carbon fibers substrate for wearable bracelet supercapacitor[J]. Journal of Energy Storage, 2022, 52: 105042.

[20] Zhu M, Huang Y, Deng Q, et al. Highly flexible, freestanding supercapacitor electrode with enhanced performance obtained by hybridizing polypyrrole chains withmxene[J]. Advanced Energy Materials, 2016, 6(21): 1600969.

[21] Kim H, Cho M Y, Kim M H, et al. A novel high-energy hybrid supercapacitor with an anatase TiO_2-reduced graphene oxide anode and an activated carbon cathode[J]. Advanced Energy Materials, 2013, 3(11): 1500-1506.

[22] Lam D V, Jo K, Kim C H, et al. Activated carbon textile via chemistry of metal extraction for supercapacitors[J]. ACS Nano, 2016, 10(12): 11351.

[23] Chmiola J, Largeot C, Taberna P L, et al. Monolithic carbide-derived carbon films for micro-supercapacitors [J]. Science, 2010, 328 (5977): 480-483.

[24] Huang P, Lethien C, Pinaud S, et al. On-chip and freestanding elastic carbon films for micro-supercapacitors[J]. Science, 2016, 351(6274): 691.

[25] Pech D, Brunet M, Durou H, et al. Ultrahigh-power micrometre-sized supercapacitors based on onion-like carbon[J]. Nature Nanotechnology, 2010, 5(9): 651-654.

[26] Kaempgen M, Chan C K, Ma J, et al. Printable thin film supercapacitors using single-walled carbon nanotubes [J]. Nano Letters, 2009, 9 (5): 1872-1876.

[27] Piao Y, Kim H S, Sung Y E, et al. Facile scalable synthesis of magnetite nanocrystals embedded in carbon matrix as superior anode materials for lithium-ion batteries[J]. Chemical Communications, 2010, 46(1): 118-120.

[28] Yoon T, Chae C, Sun Y K, et al. Bottom-up in situ formation of Fe_3O_4 nanocrystals in a porous carbon foam for lithium-ion battery anodes[J]. Journal of Materials Chemistry, 2011, 21(43): 17325-17330.

[29] Zhang W, Wang X, Zhou H, et al. Fe_3O_4C open hollow sphere assembled by nanocrystals and its application in lithium ion battery[J]. Journal of Alloys and Compounds, 2012, 521: 39-44.

[30] Zhu T, Chen J S, Lou X W. Glucose-assisted one-pot synthesis of FeOOH nanorods and their transformation to Fe_3O_4@carbon nanorods for application

in lithium ion batteries[J]. The Journal of Physical Chemistry C, 2011, 115 (19): 9814-9820.

[31] Chen J S, Zhu T, Yang X H, et al. Top-down fabrication of α-Fe$_2$O$_3$ single-crystal nanodiscs and microparticles with tunable porosity for largely improved lithium storage properties[J]. Journal of the American Chemical Society, 2010, 132(38): 13162-13164.

[32] Cui Z M, Jiang L Y, Song W G, et al. High-yield gas-liquid interfacial synthesis of highly dispersed Fe$_3$O$_4$ nanocrystals and their application in lithium-ion batteries[J]. Chemistry of Materials, 2009, 21(6): 1162-1166.

[33] Ji L, Tan Z, Kuykendall T R, et al. Fe$_3$O$_4$ nanoparticle-integrated graphene sheets for high-performance half and full lithium ion cells[J]. Physical Chemistry Chemical Physics, 2011, 13(15): 7170-7177.

[34] Liu D, Wang X, Wang X, et al. Ultrathin nanoporous Fe$_3$O$_4$-carbon nanosheets with enhanced supercapacitor performance[J]. Journal of Materials Chemistry A, 2013, 1(6): 1952-1955.

[35] Xiong Q, Lu Y, Wang X, et al. Improved electrochemical performance of porous Fe$_3$O$_4$/carbon core/shell nanorods as an anode for lithium-ion batteries[J]. Journal of Alloys and Compounds, 2012, 536: 219-225.

[36] Yu X, Tong S, Ge M, et al. One-step synthesis of magnetic composites of cellulose@ iron oxide nanoparticles for arsenic removal[J]. Journal of Materials Chemistry A, 2013, 1(3): 959-965.

[37] Wu F, Huang R, Mu D, et al. A novel composite with highly dispersed Fe$_3$O$_4$ nanocrystals on ordered mesoporous carbon as an anode for lithium ion batteries[J]. Journal of Alloys and Compounds, 2014, 585: 783-789.

[38] Gao M, Zhou P, Wang P, et al. FeO/C anode materials of high capacity and cycle stability for lithium-ion batteries synthesized by carbothermal reduction[J]. Journal of Alloys and Compounds, 2013, 565: 97-103.

[39] Su J, Cao M, Ren L, et al. Fe$_3$O$_4$-graphene nanocomposites with improved lithium storage and magnetism properties[J]. Journal of Physical Chemistry C, 2011, 115(30): 14469-14477.

[40] Wang R, Xu C, Sun J, et al. Flexible free-standing hollow Fe$_3$O$_4$/graphene hybrid films for lithium-ion batteries[J]. Journal of Materials Chemistry A, 2013, 1(5): 1794-1800.

[41] Yoon T, Chae C, Sun Y K, et al. Bottom-up in situ formation of Fe$_3$O$_4$ nanocrystals in a porous carbon foam for lithium-ion battery anodes[J]. Journal

[42] Zeng Z, Zhao H, Wang J, et al. Nanostructured Fe_3O_4@ C as anode material for lithium-ion batteries[J]. Journal of Power Sources, 2014, 248: 15-21.

[43] Li P, Deng J, Li Y, et al. One-step solution combustion synthesis of Fe_2O_3/C nano-composites as anode materials for lithium ion batteries[J]. Journal of Alloys and Compounds, 2014, 590: 318-323.

[44] Kang E, Jung Y S, Cavanagh A S, et al. Fe_3O_4 nanoparticles confined in mesocellular carbon foam for high performance anode materials for lithium-ion batteries[J]. Advanced Functional Materials, 2011, 21(13): 2430-2438.

[45] Li Y, Yan Y, Ming H, et al. One-step synthesis Fe_3N surface-modified Fe_3O_4 nanoparticles with excellent lithium storage ability[J]. Applied Surface Science, 2014, 305: 683-688.

[46] Lim H S, Jung B Y, Sun Y K, et al. Hollow Fe_3O_4 microspheres as anode materials for lithium-ion batteries[J]. Electrochimica Acta, 2012, 75(4): 123-130.

[47] Chen Y, Xia H, Lu L, et al. Synthesis of porous hollow Fe_3O_4 beads and their applications in lithium ion batteries[J]. Journal of Materials Chemistry, 2012, 22(11): 5006-5012.

[48] Li Y, Yan Y, Ming H, et al. One-step synthesis Fe_3N surface-modified Fe_3O_4 nanoparticles with excellent lithium storage ability[J]. Applied Surface Science, 2014, 305(3): 683-688.

[49] Sadezky A, Muckenhuber H, Grothe H, et al. Raman microspectroscopy of soot and related carbonaceous materials: Spectral analysis and structural information[J]. Carbon, 2005, 43(8): 1731-1742.

[50] Gajbhiye N, Bhattacharyya S, Shivaprasad S, et al. Synthesis, Characterization and Magnetic Interactions Study of ε-Fe_3N-CrN Nanorods[J]. Journal of Nanoscience Nanotechnology, 2007, 7(6): 1836-1840.

[51] Biwer B, Bernasek S. Electron spectroscopic study of the iron surface and its interaction with oxygen and nitrogen[J]. Journal of Electron Spectroscopy and Related Phenomena, 1986, 40(4): 339-351.

[52] Cheng G, Zhou M D, Zheng S Y. Facile synthesis of magnetic mesoporous hollow carbon microspheres for rapid capture of low-concentration peptides [J]. ACS Applied Materials Interfaces, 2014, 6(15): 12719-12728.

[53] Oh I, Kim M, Kim J. Fe_3O_4/carbon coated silicon ternary hybrid composite

[54] Cheng G, Zhou M D, Zheng S Y. Facile synthesis of magnetic mesoporous hollow carbon microspheres for rapid capture of low-concentration peptides [J]. ACS Applied Materials & Interfaces, 2014, 6(15): 12719.

[55] Li L, Li R, Gai S, et al. Facile fabrication and electrochemical performance of flower-like Fe_3O_4@C@layered double hydroxide(LDH) composite[J]. Journal of Materials Chemistry A, 2014, 2(23): 8758-8765.

[56] Li X, Zhang L, He G. Fe_3O_4 doped double-shelled hollow carbon spheres with hierarchical pore network for durable high-performance supercapacitor [J]. Carbon, 2016, 99: 514-522.

[57] Yi H, Wang H, Jing Y, et al. Asymmetric supercapacitors based on carbon nanotubes@NiO ultrathin nanosheets core-shell composites and MOF-derived porous carbon polyhedrons with super-long cycle life[J]. Journal of Power Sources, 2015, 285: 281-290.

[58] Lei Y, Li J, Wang Y, et al. Rapid microwave-assisted green synthesis of 3D hierarchical flower-shaped $NiCo_2O_4$ microsphere for high-performance supercapacitor[J]. ACS Applied Materials Interfaces, 2014, 6(3): 1773-1780.

[59] Yi H, Wang H, Jing Y, et al. Asymmetric supercapacitors based on carbon nanotubes@NiO ultrathin nanosheets core-shell composites and MOF-derived porous carbon polyhedrons with super-long cycle life[J]. Journal of Power Sources, 2015, 285: 281-290.

[60] Yi N, Stephanopoulos M. Heterogeneous catalysis for sustainable energy: Atomically dispersed gold clusters for hydrogen production[J]. Abstracts of Papers of the American Chemical Society, 2015, 250.

第4章

Fe_3O_4-Fe_3N/C纳米片在电化学中的应用研究

寻找新型、安全、低廉和更高容量的电极材料已经成为了电池探索领域的一项重要使命[1,2]。铁基材料作为可替换石墨、较有前景的负极材料收获了极大关注[3]。磁铁矿就是一种很好的锂离子电池负极材料，因为它有高达925mA·h/g的理论比容量，比商品石墨的（372mA·h/g）还要高出很多，和锂发生如下反应[4]：

$$Fe_3O_4 + 8Li^+ + 8e^- \longrightarrow 3Fe + 4Li_2O$$

另外，它的操纵电压范畴（0.1～0.8V）还是很高的，这样在快速充电时就能够大大减少电极锂沉积时可能出现安全问题的风险[5-8]。在锂离子脱出和嵌入时会有大约200%的体积变化，这样就会使电极产生严重的容量衰减，使其实际应用受到限制[9,10]。所以，研究者开始想办法减小金属颗粒的尺寸来有效减小反应时的体积变化，达到显著提高电化学性能的目的。但是，极小的（纳米尺寸）颗粒又很容易发生团聚，就会使循环时的容量出现快速衰减。

到目前为止，有很多改性制备金属氧化物复合物的方法被采用：纳米结构氧化物包覆一层碳层（如 $Fe_3O_4@C$ 球，$Fe_3O_4@N$ 掺杂的C），或者负载在碳基质上（如 Fe_3O_4/CNTs，Fe_3O_4/Graphene，Fe_3O_4/GNS），又或者将金属镶嵌入多孔碳（$PC-FeO_x$，$RG-O/Fe_3O_4$），这些方法都是为了利用碳材料高的导电性和物理稳定性来提高金属的性能[11-15]。

虽然研究者已经大量研究了具有更好电化学性能的纳米结构金属氧化物/碳混合物的制备，但是用氮化铁（Fe_xN，$x=2,3,4$）层包覆或负载在 Fe_3O_4 纳米颗粒的报道还是非常少的。和氧化物相比，氮化物（Fe_xN、CrN、TiN、VN等）有更高的化学稳定性和功能化物理性，如硬度、高耐磨性、导电性、超导电性等。例如，TiN改性的 $Li_4Ti_5O_{12}$ 和 SnO_2 表现出了更优的倍率性能和明显增强的循环性能[16-18]；另外，氮化铁也有很多特殊的性能，如比碳材料更高的振实密度和能量密度，可以发生置换反应。因此，制备氮化铁纳米粒子或纳米复合材料电极便是一种较有前途的方法。关于它们的制备有很多种方法，如激光热解法[19]、机械合金法[20]、气固氮化法[21]和超声-热处理法[22]，而熔融盐模板法报道较少。

综合金属氮化物以上的这些优点，考虑制备 Fe_3O_4-Fe_3N/C 复合物。通过简单、容易操作的熔融盐模板法制备形貌高度分散、颗粒均匀的 Fe_3O_4/C 纳米复合物，再通过氨气氨化得到 Fe_3N 改性的具有较好电化学性能的 Fe_3O_4-Fe_3N/C 复合材料。在锂离子电池的充放电过程中，Fe_3N 可以大大削减嵌锂/脱锂时的体积变化，同时也能增强 Fe_3O_4 的导电性，在电化学应用中可以表现出好的电化学性能。

4.1 纽扣式半电池的制备

样品的编号如表 4-1 所示，具体的合成示意图如图 4-1 所示。利用涂膜法制备电极材料，在制备锂离子电池负极材料的过程当中，按 80%：10%：10% 的质量比精确称量样品活性物、黏结剂（PVDF）和导电剂（乙炔黑），在玛瑙研钵中研磨均匀后滴入 2 滴 N-甲基吡咯烷酮调成糊糊状，并涂抹在铜箔上室温晾干。然后 120℃ 真空干燥 12h，将涂有活性物质的铜箔压成直径均为 1.2cm 的小圆片。在充满

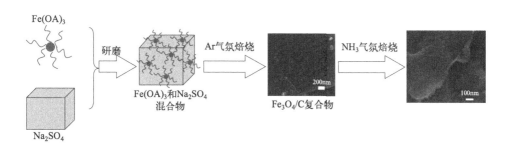

图 4-1 样品合成的示意图

氩气，氧气和水分含量均低于 0.5mg/L 的手套箱中装配成纽扣电池。在组装过程中，将锂片作为正极，活性材料为负极，含 1mol/L LiPF$_6$ 的碳酸二乙酯（DEC）、碳酸亚乙酯（EC）混合溶液（$V_{DEC}:V_{EC}=1:1$）为电解液，以 Cellgard2325 为隔膜组装成半电池。

表 4-1 不同条件下制备所得样品

样品编号	H$_2$O /mL	乙醇 /mL	正己烷 /mL	NaOA /mmol	KOH /mmol	焙烧环境					
						Ar 气氛			NH$_3$ 气氛		
						速率 /(℃/min)	温度 /℃	时间 /h	速率 /(℃/min)	温度 /℃	时间 /h
B1-700	20	—	—	40	—	10	600	3	5	700	3
B1-800	20	—	—	40	—	10	600	3	5	800	3
B2-700	20	40	60	40	40	10	600	3	5	700	3
B2-800	20	40	60	40	40	10	600	3	5	800	3
B3-700	20	40	60	40	—	10	600	3	5	700	3
B3-800	20	40	60	40	—	10	600	3	5	800	3

4.2 超级电容器电极的制备

将合成的样品（活性物质）、导电炭黑和聚四氟乙烯乳液（PTFE）按质量比 5:1:1 混于一定量乙醇溶液中，超声 5min 后，在 60℃烘箱中除去溶剂，得到胶黏状混合物。然后将混合物在对辊机上碾压成均匀薄片，切成约 1cm×1cm 的方形后贴在泡沫镍上，在高压（约 8MPa）条件下压成薄膜状，制备成超级电容器的电极。

4.3 电化学性能测试条件

锂离子电池负极材料的循环伏安测试在 Zennium

Zahner 电化学工作站上进行，测试时的电位扫描窗口为 0.01~3V，扫描速度为 0.1mV/s。电化学阻抗测试也是在 Zennium Zahner 电化学工作站上进行。此外，锂离子电池的恒电流充放电循环、倍率及其比容量等测试是在蓝电测试系统上进行。

电化学测试采用三电极体系，将制备得到的样品电极作为工作电极，甘汞电极为参比电极，铂电极为对电极，电解液为 1mol/L KOH 溶液，测试前将工作电极放入电解液中浸泡 12h。循环伏安、恒电流充放电及交流阻抗（频率范围：100kHz~100MHz）在型号为 CHI 660D 的电化学工作站上进行测试。在蓝电测试系统上测试了恒电流充放电循环，其比容量 C 利用式（2-1）计算。

4.4 Fe_3O_4-Fe_3N/C 纳米片的表征讨论

4.4.1 Fe_3O_4-Fe_3N/C 纳米片的结构表征

为了证明产物的相组成和结构，进行粉末 X 射线衍射（XRD）和拉曼光谱测试，结果如图 4-2 和图 4-3 所示。从图 4-2（a）的 X 射线衍射图可以看出，700℃氨化产物 B-700 的 XRD 谱图中的衍射峰和 Fe_3N（JCPDS♯73-2101）、Fe_3O_4（JCPDS♯88-0315）标准卡片是完全吻合的；此外，在该光谱图中也没有出现其他的杂峰，证明样品中只含有氮化铁和立方晶相的磁铁矿，无其他杂质。由图 4-2（b）的 XRD 图也可以看出，B-800 的衍射峰和 Fe_3N、Fe_3O_4（JCPDS♯75-1609）标准卡片都是可以吻合的，证明焙烧后氮化铁被合成，产物确实是 Fe_3N 和 Fe_3O_4 的混合物。Fe_3N 的形成是靠 NH_3 和 Fe_3O_4 纳米颗粒的氨解作用。从图 4-2 可发现，对于所有样品来说，都没有发现碳的衍射峰，这是因为样品中的碳是以无定形状态存在的。谱图中的峰具有稍窄而尖锐的峰形，这也进一步说明生成的产物具有非常好的结晶度。

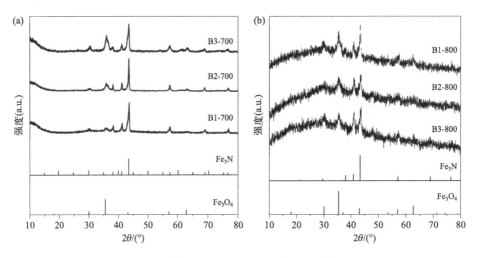

图 4-2　样品 B-700 和 B-800 的 XRD 谱图

拉曼光谱是一种识别碳基材料的结合和微观结构的辅助手段。碳材料的光谱通常表现出两大宽峰，即 1350 cm^{-1} 处无序的 D 峰，约 1580 cm^{-1} 处的石墨碳 G 峰。图 4-3 是 700℃、800℃条件下氨化焙烧所得 Fe_3O_4-Fe_3N/C 纳米复合物（B1-700、B1-800）的拉曼光谱，可以清楚观察到它们都有很明显的驼峰，这两个明显的峰分别在 1340 cm^{-1}、1591 cm^{-1} 处。与 1350 cm^{-1} 的峰位置相比，纳米复合材料的 D 峰位置略微转向了低频率区。这样的结果正好证实了样品中的碳层含有大量的晶格缺陷。1590 cm^{-1} 处的 G 峰表明了由于碳的存在，样品中的碳原子 sp^2 杂化发生了面内伸缩振动。此外，和 1590 cm^{-1} 处的 G 峰相比，1340 cm^{-1} 处的峰强比较弱，表明碳缺陷域远远低于碳石墨域。通过对 D 峰和 G 峰的强度比（I_D/I_G）进行计算，发现它们的 I_D/I_G 值都小于 1，这就证实了利用油酸离子前驱体碳化形成的碳是以无定形石墨的形式存在的；B1-700 的 I_D/I_G 值为 0.86，其无序化程度是较小的[23,24]。

第 4 章 Fe_3O_4-Fe_3N/C 纳米片在电化学中的应用研究

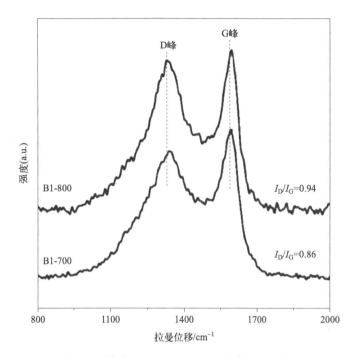

图 4-3 样品 B1-700 和 B1-800 的拉曼光谱图

4.4.2 Fe_3O_4-Fe_3N/C 纳米片的 TEM 表征

为了直观观察产物的微观结构和形貌，对样品进行了 TEM 表征，图 4-4 展示了均匀分布的 Fe_3O_4-Fe_3N/C 纳米复合物的 TEM 图。从图 4-4（a）、（d）中可以看出，B1-700 和 B1-800 样品的形貌都是金属颗粒 Fe_3O_4-Fe_3N 均匀镶嵌在碳膜上，形成了碳膜上均匀分散有颗粒的纳米片，并没有出现颗粒堆积在一团的情况。在 B1 复合物中均匀分布的纳米颗粒呈纳米立方体状，粒径约 20nm。从图 4-4（b）～（f）发现，样品的颗粒分布没有那么规整，但是粒径分布范围还是非常小的。这些情况进一步说明，在金属纳米颗粒表面包覆的碳膜能够很好地保护纳米颗粒的形貌和尺寸，很好地防止热处理时纳米颗粒的团聚、烧结。

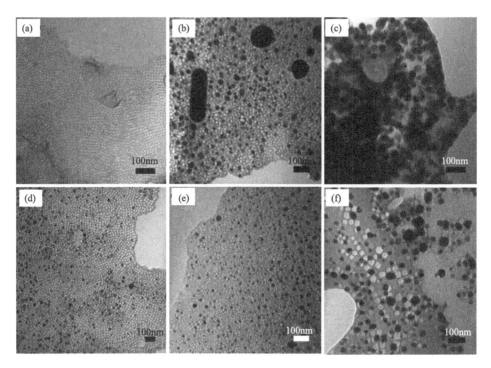

图 4-4 Fe_3O_4-Fe_3N/C 纳米复合物的 TEM 图
(a) B1-700；(b) B2-700；(c) B3-700；(d) B1-800；(e) B2-800；(f) B3-800

4.4.3 Fe_3O_4-Fe_3N/C 纳米片的 FESEM 表征

为了更直观地对产物的微观结构和形貌进行表征，对样品进行了 FESEM 测试，结果如图 4-5 所示。从图中可以很清楚地看出，金属颗粒是均匀分布在碳膜上的，碳膜上还有一些孔洞，这些是金属颗粒从碳膜上脱落后留下的碳孔。另外，从图 4-5（d）可以发现，颗粒是一层层均匀分散排列的，并没有出现杂乱无章的堆积现象。通过和 TEM 结果相对照，发现产物的形貌和 TEM 测试结果非常吻合。

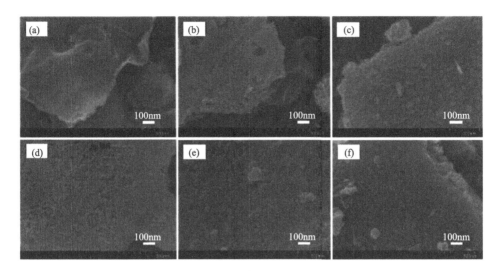

图 4-5 纳米复合物的 FESEM 图
(a) B1-700;(b) B2-700;(c) B3-700;(d) B1-800;(e) B2-800;(f) B3-800

4.5 Fe_3O_4-Fe_3N/C 纳米片的性能测试

4.5.1 Fe_3O_4-Fe_3N/C 纳米片的锂离子电池性能测试

选择 700℃氨化后的三种样品,组装成锂离子电池负极材料,进行 0.01~3.0V 电压范围内的恒电流充放电实验,第一圈循环充放电电压曲线如图 4-6 所示。从图中曲线可以看出,在它们的放电曲线中电压平台大约在 0.8V 的位置,充电曲线的电压平台约 1.8V。放电曲线中出现电压平台,主要是因为锂化反应的进行,具体为:>0.8V 电压区间内短电压平台的出现是因为 $Li_2(Fe_3O_4)$ 的产生,具体反应式为 $Fe_3O_4+2Li^++2e^-\longrightarrow Li_2(Fe_3O_4)$;0.8V 左右的电压平台是由于 Fe 和 Li_2O 的产生,反应式为 $Li_2(Fe_3O_4)+6Li^++6e^-\longrightarrow 3Fe^0+4Li_2O$;<0.8V 段的短电压平台,是由于固体电解质界面膜的产生。充电曲线中大约 1.8V 处出

现的电压平台，正好反过来对应了 Fe^0 氧化成 Fe^{3+} 和 Fe^{2+} 的反应过程，反应式为 $3Fe^0+4Li_2O \longrightarrow Fe_3O_4+8Li^++8e^-$。通过对图中三对曲线的比较，在 500mA/g 的电流密度下三种样品的首次放电比容量分别是 1107.1mA·h/g（B1-700）、762.7mA·h/g（B2-700）、642mA·h/g（B3-700）。结果表明，B1-700 的首次放电比容量比 B2-700 和 B3-700 分别高了 45% 和 72%，所以 B1-700 应该具有更好的电化学性能，后续对该样品进行进一步的测试。

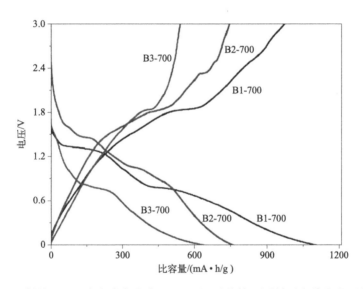

图 4-6　样品 B-700 在电流密度为 500mA/g 下的第一圈循环充放电电压曲线

图 4-7（a）显示了在室温下，B1-700 负极材料在扫速 0.1mV/s、电压范围 0.01～3.0V 条件下前四圈的循环伏安（CV）曲线。从中可以很明显地发现，第一圈与随后三圈的 CV 曲线是不同的。在第一圈中，峰出现在约 0.6V、1.3V 和 1.6V 处。出现这种情况的原因是：①电极材料中有碳存在，电极表面和界面处发生副反应，产生了固体电解质界面膜（SEI 膜）；②Fe_3O_4 由反尖晶石结构转变成岩盐型结构时晶体结构的变化产生了过电压[25,26]；③Fe_3O_4 在锂化过

程中可逆产生了不导电的 Li_2O 和 Fe 纳米晶[27]，反式尖晶石 Fe_3O_4 为离子晶体，晶体里存在 Fe^{2+}、Fe^{3+}、O^{2-} 离子。在每个晶胞中，一半的 Fe^{3+} 嵌入堆积中的四面体空隙，全部 Fe^{2+} 和另一半 Fe^{3+} 则无规则分布在八面体空隙。

在第一、二晶相插锂的过程中，锂离子先填充八面体间隙的空位，而四面体间隙的 Fe^{3+} 移位到八面体空位中，形成 $Li_{1.0}Fe_3O_4$ 结构；随后过程中 Li 继续充填，在 Li 以离子的形式进入四面体间隙后，它会将铁离子挤出 $Li_{1.0}Fe_3O_4$ 结构，从而得到 Li_2O 和 Fe[26]。

图 4-7（b）展示了在 100mA/g 的电流密度下，B1-700 纳米片的恒电流充放电电压曲线，这种测试方法可以直接有效评价材料的比容量。在首次放电过程中，样品有一个高达 1107.1mA·h/g 的储锂容量，但充电时的容量只有 975.8mA·h/g，这就导致只有 88.1％ 的首次库仑效率。首次库仑效率降低的原因有可能是锂的首次不可逆消耗，SEI 膜的形成或电解液的分解，这个结果也和 CV 曲线第一圈的结果相吻合。第一圈的插锂曲线的平台电压约在 1.3V，其他循环的插锂平台电压却在约 1.5V 处，而且其他循环的平台逐渐变小，这是由于电极材料中碳表面能的变化或随反应的进行其结晶度在减小[28,29]。另一方面，第一圈后的其他圈充放电曲线都没有太大的变化，这也说明了在循环过程中电极材料长的循环性[30]。

二维 B1-700 纳米片在电流密度 100mA/g 时的循环性能如图 4-7（c）所示。在第一圈的充放电循环中，它的可逆容量有 1107.1mA·h/g，循环充放电 50 圈后其比容量高达 931.9mA·h/g，比容量的循环保持率为 84.2％。对于 B1-700 来说，碳膜的存在可以保证铁基纳米颗粒自由地发生锂化反应，而碳膜本身不会被破坏。此外，Fe_3O_4 储锂容量的获得主要是通过锂离子和 Fe_3O_4 之间的可逆置换反应，反应后可以形成分散在 Li_2O 矩阵上的 Fe 纳米晶体，在同一时间内碳膜又能够防止形成的 Fe 催化分解表层的 SEI 膜，从而使 SEI 膜可以继续存在而不会断裂和重新形成。

对 700℃ 条件下氨化的 B1-700 进行了倍率性能的测试 [图 4-7 (d)]，随着电流密度从 100mA/g 增大到 2000mA/g，电极的容量逐渐从 938.1mA·h/g 降低到 710.1mA·h/g；当电流密度从 2000mA/g 减小到开始时的 100mA/g 时，电极的容量又开始升高，而且其值还远高于开始时的 938.1mA·h/g。对于样品 B2-700 和 B3-700，也得到了相类似的结果。这可以归因于复合物中的碳膜和氮化铁的存在，它们具有良好的导电性，可以形成连接的纳米通道和导电墙，更利于锂离子和电子的传输[31-34]。总体来说，氨气焙烧后的含有氮化铁的 Fe_3O_4/C 复合材料作为锂离子电池负极材料具有极好的倍率性能，可以有非常好的应用。

图 4-8 是 B-700 系列样品作为锂离子电池负极材料组装的半电池的电化学阻抗谱图。从图 4-8 可以发现，700℃ 焙烧后样品的阻抗谱图都由非常明显的两部分构成，即高频区的半圆和低频区的直线。相对其他两个样品来说，B1-700 的半圆直径是很小的，证明 B1-700 具有很小的电荷传输阻抗，因为半圆直径代表了电荷传输阻抗和锂离子在 SEI 膜中的扩散迁移阻抗。而低频区的直线部分斜率代表的是锂离子在活性物中的扩散阻抗，B1-700 具有更倾斜的直线，表明锂离子在样品 B1-700 的电解液中传质及扩散速度快。

4.5.2　Fe_3O_4-Fe_3N/C 纳米片的超级电容器性能测试

为了评价 700℃ 条件下氨化后系列样品作为超级电容器电极的电化学性能，对样品在 1mol/L KOH 电解液中的循环伏安曲线进行了测试，最终结果如图 4-9 所示。从图 4-9 (a) 中可以看出，700℃ 氨化后的系列样品表现出非常明显的氧化还原峰，证明该电极是典型的氧化还原电极。从图

第 4 章 Fe₃O₄-Fe₃N/C 纳米片在电化学中的应用研究

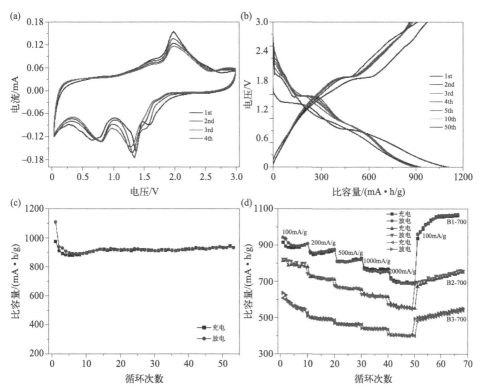

图 4-7 （a）B1-700 作锂离子电池负极材料前四圈的循环伏安曲线；（b）电流密度 100mA/g 下的恒电流充放电电压曲线；（c）电流密度 100mA/g 下的循环性能；（d）不同电流密度下的倍率性能

中也可以发现峰形有差异，相比其他样品明显的还原峰，样品 B1-700 的还原峰比较宽，这是因为 B1-700 电极的还原峰非常弱，负载了碳膜后电容变大，变大的电容值就越过了它的还原峰[35]。另外，为了进一步研究碳层和氧化物之间的协同作用，测试了恒电流充放电曲线，对样品的电容进行考察［图 4-9（b）］。相同实验条件下，B1-700 电极具有最长的放电时间，电容值最高，这正好也印证了图 4-9（a）的结果。

样品 B1-700 的系列电化学测试结果如图 4-10 所示。图 4-10（a）是不同扫速下的循环伏安曲线，从中可以看出，

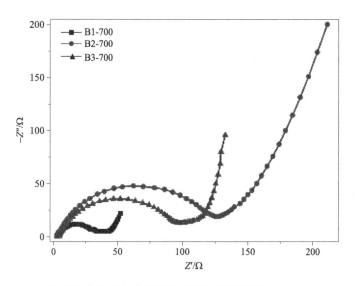

图 4-8 B-700 纳米复合物的电化学阻抗谱图（频率范围：100kHz～100MHz）

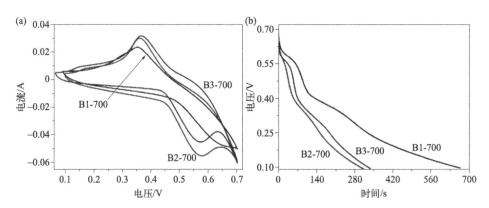

图 4-9 （a）扫速 100mV/s 时的循环伏安曲线；
（b）0.5A/g 电流密度下的恒电流充放电曲线

CV 曲线具有两对氧化还原峰，随着扫速的增大电流也成比例增大，说明电极材料有很好的电容性能；另一方面，随着扫速的变化，样品的氧化还原峰在保持峰形不变的情况下发生了相应的迁移，这是由于更高的扫速时发生了电极极化、强烈的界面电荷转移[36]。通过改变测试电流，得出了 B1-700 在不同电流密度下的恒电流充放电曲线［图 4-10 (b)］，相应的电容曲线如图 4-10 (c) 所示。B1-700 电极在 500mA/g 时具有最长的放电时间，在该电流密度下的电容值可以达 480.5F/g。这是因为 B1-700 中的碳膜可以为金属材料提供大的负载电容，促进电解液和活性物质的良好接触，增大 B1-700 的赝容量。为了更加深刻地了解样品 B1-700 的电化学性能，进行了电化学阻抗谱（EIS）测试，结果如图 4-10 (d) 所示。样品 B-700 的尼奎斯特曲线在高频区都展现了一个小的半圆，在低频区是直线，这样的结果表明了电极材料的光电化学极化和良好的电容性能。B1-700 在低频区有更倾斜的直线，表明样品在电解液中传质最快，电解液在活性物质中的扩散速度更快，证明样品 B1-700 具有高的电容值、好的倍率性能和长循环寿命等特性。总体来说，样品中独特的多孔结构及有氧化还原活性的 Fe_3O_4 和导电碳之间的完美结合，这两个特点使电极材料的电化学性能明显提高；另一方面，碳层之间的空隙可以为电解质溶液的存储提供大量的空间，这样有利于活性物和电解液之间的反应。但是，碳层对材料的总电容的贡献很小，它主要扮演的角色是载体层，提高铁基活性物的机械稳定性。

对 800℃ 条件下氨化后的系列样品测试了它们作为超级电容器电极的电化学性能的差异，所使用的电解液是 1mol/L KOH。从图 4-11 (a) 的循环伏安曲线可以看出，800℃ 氨化后的系列样品均表现出非常明显的氧化还原峰，证明 800℃ 氨化后的系列样品电极也是氧化还原电极。另外，从它们的恒电流充放电曲线［图 4-11 (b)］可以得出，B2-800 电极具有最长的放电时间。随后对 B2-800 进行了系列测试，结果如图 4-12 所示。

图 4-12 (a) 是不同扫速下的循环伏安曲线，具有一对氧化还原峰，当增大扫速时，电流响应也会跟着增大，说

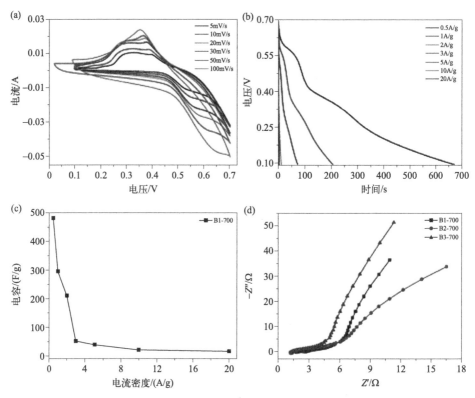

图 4-10 （a）变化扫速情况下的循环伏安曲线；（b）改变电流密度后的恒电流充放电曲线；（c）依据恒电流充放电曲线得到的电容曲线；（d）电化学阻抗曲线

明电极材料有很好的倍率性能；另一方面，随着扫速的变化，样品的氧化还原峰在保持峰形不变的情况下发生了相应的迁移，证明了该材料具有比较好的电化学可逆性。不同电流密度下，B2-800 的恒电流充放电曲线和相应的电容曲线如图 4-12（b）、（c）所示。在电流密度为 500mA/g 时，B2-800 的电容只有约 31.2F/g，远低于 B1-700。这是因为适当的含碳量可以为金属材料提供大的负载容量，促进电解液和活性物质的良好接触；但是 B2-800 的金属颗粒尺寸明显大于 B1 样品，这就不利于碳膜对金属化合物尺寸和形貌的保护，从而会影响其性能。样品 B-800 的电化学阻

第4章 Fe₃O₄-Fe₃N/C 纳米片在电化学中的应用研究

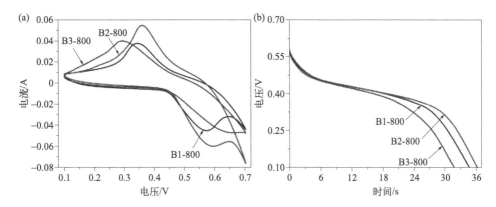

图 4-11 （a）扫速 100mV/s 时的循环伏安曲线；
（b）在 0.5A/g 的电流密度下，系列样品的恒电流充放电曲线

抗谱（EIS）测试结果如图 4-12（d）。在低频区 B2-800 的斜率略微大些，高频区半圆直径小于 B1-800 和 B3-800，表明 B2-800 理论上的电荷传递阻力小，在电解液中的传递速率会很快。这些可以归因于样品结构中含有的孔道能够缩短电化学反应时的通道距离，增大其比表面积。

在本章中，利用金属氢氧化物@油酸的混合物直接熔融盐焙烧得到形貌均匀负载在碳层上的立方相 Fe_3O_4，通过氨气气氛二次焙烧得到零维/二维纳米结构的 Fe_3O_4-Fe_3N/C 纳米片。将产物应用于锂离子电池负极后，在 100mA/g 时样品 B1-700 的首次可逆比容量有 1107.1mA·h/g，循环 50 圈后可逆比容量还能高达 931.9mA·h/g，比容量的循环保持率高达 84.2%。将所制备的样品应用于超级电容器时，在 500mA/g 的电流密度下 B1-700 的电容为 480.5F/g。B1-700 性能的提高归因于氮化铁（Fe_3N）的存在，因为氮化铁有利于电子的传递和质量的传递，能够大大增强材料的电导率，也可以在锂离子和电极材料的反应中防止氧化铁纳米颗粒的体积变化。另外，复合材料中碳膜的存在也会减少金属颗粒的团聚，可以相应地改善作为超级电容器

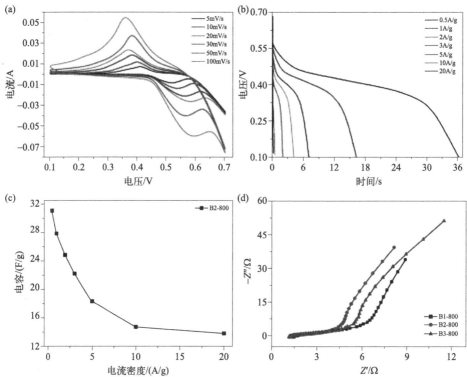

图4-12 （a）变化扫速情况下的循环伏安曲线；（b）改变电流密度后的恒电流充放电曲线；（c）依据恒电流充放电曲线得到的电容曲线；（d）电化学阻抗曲线

电极的电化学性能。总的来讲，本章不仅提供了一条合成 Fe_3O_4-Fe_3N/C 复合材料的新方法，还证明了该材料在电化学方面应用的优势，为电能储存方面的发展提供了可选择路径。

◆ 参考文献

[1] Armand M, Tarascon J M. Building better batteries[J]. Nature, 2008, 451(7179): 652.

[2] Tarascon J M, Armand M. Issues and challenges facing rechargeable lithium

batteries[J]. Nature, 2001, 414(6861): 359.

[3] Lou P, Cui Z, Jia Z, et al. Monodispersed Carbon-coated cubic NiP_2 nanoparticles anchored on carbon nanotubes as ultra-long-life anodes for reversible lithium storage[J]. ACS Nano, 2017, 11(4): 3705-3715.

[4] Li Y, Yan Y, Ming H, et al. One-step synthesis Fe_3N surface-modified Fe_3O_4 nanoparticles with excellent lithium storage ability [J]. Applied Surface Science, 2014, 305(3): 683-688.

[5] Chen Y, Xia H, Lu L, et al. Synthesis of porous hollow Fe_3O_4 beads and their applications in lithium ion batteries[J]. Journal of Materials Chemistry A, 2012, 22(11): 5006-5012.

[6] Zhang Q, Shi Z, Deng Y, et al. Hollow Fe_3O_4/C spheres as superior lithium storage materials[J]. Journal of Power Sources, 2012, 197: 305-309.

[7] Ming J, Park J B, Sun Y K. Encapsulation of metal oxide nanocrystals into porous carbon with ultrahigh performances in lithium-ion battery[J]. ACS Applied Materials Interfaces, 2013, 5(6): 2133-2136.

[8] Cao H, Liang R, Qian D, et al. L-Serine-assisted synthesis of superparamagnetic Fe_3O_4 nanocubes for lithuium ion batteries[J]. The Journal of Physical Chemistry C, 2011, 115(50): 24688-24695.

[9] Cui Z M, Jiang L Y, Song W G, et al. High-Yield Gas-Liquid Interfacial Synthesis of Highly Dispersed Fe_3O_4 Nanocrystals and Their Application in Lithium-Ion Batteries[J]. Chemistry of Materials, 2015, 21(6).

[10] Cao H, Liang R, Qian D, et al. l-Serine-Assisted Synthesis of Superparamagnetic Fe_3O_4 Nanocubes for Lithuium Ion Batteries [J]. Journal of Physical Chemistry C, 2011, 115(50): 24688-24695.

[11] Zhou G, Wang D W, Li F, et al. Graphene-wrapped Fe_3O_4 anode material with improved reversible capacity and cyclic stability for lithium ion batteries[J]. Chemistry of Materials, 2010, 22(18): 5306-5313.

[12] Yuan S, Li J, Yang L, et al. Preparation and lithium storage performances of mesoporous Fe_3O_4@C microcapsules[J]. ACS Applied Materials Interfaces, 2011, 3(3): 705-709.

[13] Zhu X, Zhu Y, Murali S, et al. Nanostructured reduced graphene oxide/Fe_2O_3 composite as a high-performance anode material for lithium ion batteries[J]. ACS nano, 2011, 5(4): 3333-3338.

[14] Chen J, Zhang Y, Lou X. One-pot synthesis of uniform Fe_3O_4 nanospheres with carbon matrix support for improved lithium storage capabilities[J]. ACS

Applied Materials Interfaces, 2011, 3(9): 3276-3279.

[15] Wu F, Huang R, Mu D, et al. A novel composite with highly dispersed Fe_3O_4 nanocrystals on ordered mesoporous carbon as an anode for lithium ion batteries[J]. Journal of Alloys and Compounds, 2014, 585: 783-789.

[16] Wan Z, Cai R, Jiang S, et al. Nitrogen-and TiN-modified $Li_4Ti_5O_{12}$: one-step synthesis and electrochemical performance optimization[J]. Journal of Materials Chemistry A, 2012, 22(34): 17773-17781.

[17] Ming H, Li X, Zhou Q, et al. Acid-assisted synthesis of dandelion-like rutile TiO_2 and $Li_4Ti_5O_{12}$ mesoporous spheres: towards an efficient lithium battery application[J]. New Journal of Chemistry, 2013, 37(7): 1912-1918.

[18] Grimes C, Qian D, Dickey E, et al. Laser pyrolysis fabrication of ferromagnetic γ'-Fe_4N and FeC nanoparticles[J]. Journal of Applied Physics, 2000, 87(9): 5642-5644.

[19] Grimes C A, Qian D, Dickey E C, et al. Laser pyrolysis fabrication of ferromagnetic γ'-Fe_4N and FeC nanoparticles[J]. Journal of Applied Physics, 2000, 87(9 Pt 2): 5642-5644.

[20] Lee P Y, Chen T R, Yang J L, et al. Synthesis of $MoSi_2$ powder by mechanical alloying[J]. Materials Science & Engineering A, 1995, s 192-193(3): 556-562.

[21] Bao X, Metzger R M, Doyle W D. Synthesis of high moment and high coercivity iron nitride particles[J]. Journal of Applied Physics, 1993, 73(10): 6734-6736.

[22] Islam M N, Abbas M, Kim K W, et al. Thermal annealing synthesis of Fe_4N/Fe nanocomposites from iron oxide(Fe_3O_4) nanoparticles[J]. Journal of the Korean Physical Society, 2014, 65(10): 1649-1652.

[23] Sadezky A, Muckenhuber H, Grothe H, et al. Raman microspectroscopy of soot and related carbonaceous materials: Spectral analysis and structural information[J]. Carbon, 2005, 43(8): 1731-1742.

[24] Poizot P, Laruelle S, Grugeon S, et al. ChemInform Abstract: Nano-sized transition-metal oxides as negative-electrode materials for lithium-ion batteries[J]. Cheminform, 2000, 407(6803): 496.

[25] Sickafus K E, Hughes R. Spinel Compounds: Structure and Property Relations[J]. Journal of the American Ceramic Society, 1999, 82(12): 3277-3278.

[26] Yang Z, Shen J, Archer L A. An in situ method of creating metal oxide-

carbon composites and their application as anode materials for lithium-ion batteries[J]. Journal of Materials Chemistry, 2011, 21(21): 11092-11097.

[27] Lei C, Han F, Li D, et al. Dopamine as the coating agent and carbon precursor for the fabrication of N-doped carbon coated Fe_3O_4 composites as superior lithium ion anodes[J]. Nanoscale, 2013, 5(3): 1168-1175.

[28] Zhang W M, Wu X L, Hu J S, et al. Carbon Coated Fe_3O_4 Nanospindles as a Superior Anode Material for Lithium-Ion Batteries [J]. Advanced Functional Materials, 2008, 18(24): 3941-3946.

[29] Needham S A, Wang G X, Konstantinov K, et al. Electrochemical Performance of Co_3O_4-C Composite Anode Materials[J]. Electrochemical and Solid-State Letters, 2006, 9(7): A315.

[30] Liu D, Wang X, Wang X, et al. Ultrathin nanoporous Fe_3O_4-carbon nanosheets with enhanced supercapacitor performance [J]. Journal of Materials Chemistry A, 2013, 1(6): 1952-1955.

[31] Li D, Kaner R. Graphene-based materials[J]. Science, 2008, 320(5880): 1170-1171.

[32] Yu P, Wang L, Sun F, et al. Three-dimensional Fe_2N@C microspheres grown on reduced graphite oxide for lithium-ion batteries and the Li storage mechanism [J]. Chemistry-A European Journal, 2015, 21(8): 3249-3256.

[33] Zhou W, Lin L, Wei W, et al. More stable structures lead to improved cycle stability in photocatalysis and Li-ion batteries[J]. RSC Advances, 2013, 3(21): 7933-7937.

[34] Liu J, Liu S, Zhuang S, et al. Synthesis of carbon-coated Fe_3O_4 nanorods as electrode material for supercapacitor[J]. Ionics, 2013, 19(9): 1255-1261.

[35] Jang B, Park M, Chae O B, et al. Direct synthesis of self-assembled ferrite/carbon hybrid nanosheets for high performance lithium-ion battery anodes [J]. Journal of the American Chemical Society, 2012, 134(36): 15010-15015.

[36] Li X, Zhang L, He G. Fe_3O_4 doped double-shelled hollow carbon spheres with hierarchical pore network for durable high-performance supercapacitor [J]. Carbon, 2016, 99: 514-522.

第5章

腐植酸钾作碳源制备Fe_3O_4/C纳米片在电化学中的应用研究

第5章 腐植酸钾作碳源制备 Fe_3O_4/C 纳米片在电化学中的应用研究

全球变暖、污染排放、化石燃料的枯竭等问题,使得人们开始关注生活所需的能源和环境质量。充分利用太阳能、潮汐能、风能等可再生资源会产生很高的电能输出,成为了研究者竞相努力的方向。然而,在利用这些自然能源时也会受到一些气候、地理环境约束等不可控制的限制因素的影响;另外,资源本身也会带来不可避免的问题[1]。例如在利用风能发电的过程中,会存在风力大小变化的情况,出现供电不稳定的问题,影响其实际应用。能源存储技术成为解决这些问题最有希望的方法,因为利用能源存储设备可以将清洁能源产生的电能存储以备随时使用,便携式可充电蓄电设备应运而生。

在不同的可充电式电池中,锂离子电池由于突出的能量密度和功率密度而受到了密切的关注。很多研究团队致力于研究具有高比容量的锂离子电池负极材料,如 Co、Ni、Fe 等过渡金属氧化物。对于这类氧化物来说,它们在锂化过程中的反应是:

$$MO + 2Li^+ + 2e^- \rightleftharpoons M^0 + Li_2O$$

以磁铁矿(Fe_3O_4)来说,在转换反应中将会产生很大的比容量,但同时也伴随有材料自身的导电性差、团聚、体积变化大、循环寿命降低等问题。为了避免上述问题,产生了很多应对策略。使用涂层或组合技术能够改变 Fe_3O_4 颗粒的表面性质(如表面电荷或反应特点),以此达到提高颗粒稳定性和分散性的目的,使材料表现出较优的电学性能[2,3]。其中一种方法就是合成具有特定形貌结构的 Fe_3O_4 纳米材料,比如制备成纳米棒[4]、纳米颗粒[5]、纳米线[6]、纳米管[7]、多孔或空心纳米结构[8]等。这类纳米构造能够为电子和锂离子的传输提供短的路径,增大活性物和电解液之间的接触面积,减缓充放电循环中的机械阻力,加快充放电速度,提高其电化学性能。与非纳米材料相比,在锂离子的脱/嵌锂过程中,这些纳米材料能够抵制住机械应变。然而，由于纳米级材料的高表面积体积比和高表面自由能，在电极材料的表面很容易发生一些不需要的副反应，这样就会影响其性能。另一种解决方案是将 Fe_3O_4 纳米材料与导电性极好的碳基材料结合起来。导电性良好的碳材料可以弥补金属氧化物导电性的不足，增加金属材料的导电性，而且也能降低金属氧化物与电解液的界面发生副反应的概率。到目前为止，常用的碳材料有碳纳米管、多孔碳、纳米结构碳、农业废弃物和活性炭等。

一些长链有机分子如油酸（OA）和乙二胺四乙酸（EDTA）常被用作碳源，将它们包覆在 Fe_3O_4 纳米颗粒上可防止纳米颗粒的团聚、堆积等问题。研究结果表明，有机物 OA 和 Fe_3O_4 纳米颗粒具有较高的亲和力，吸附到纳米颗粒表面的 OA 能够增强纳米颗粒的稳定性，很好地防止颗粒被氧化[9-11]。腐植酸（HA，也称胡敏酸）及其衍生盐类，作为一种含有很多羧基、酚羟基、芳香环等活性基团的有机物，具有很多优良的特性，如金属离子络合性、离子吸附性、氧化还原性及生理活性等。此外，其储量极其丰富，因此可作为碳源，通过将其和金属类材料复合来改善金属材料的性能。

本章以价格低廉的腐植酸钾作为制备碳的原材料，引入 $FeCl_3 \cdot 6H_2O$ 作为铁源。利用腐植酸盐较优的金属离子络合性将铁离子和腐植酸络合到一起，形成含有有机盐的金属络合物，再通过简单、易操作的一步熔融盐焙烧法同时得到碳和 Fe_3O_4 纳米颗粒，制备得到高分散的 Fe_3O_4/C 纳米片复合物，研究改变焙烧温度对所得复合材料形貌和电化学性能的影响。以价格低廉的腐植酸钾取代了价格较贵的油酸钠作为碳源，也可以带来一定的经济效益；另一方面，碳的存在既可以防止 Fe_3O_4 被氧化，也能够增强纳米颗粒的结构稳定性，具有一定的实际应用价值。

第 5 章　腐植酸钾作碳源制备 Fe_3O_4/C 纳米片在电化学中的应用研究

5.1　纽扣式半电池的制备

样品合成示意图如图 5-1 所示，所有样品的编号如表 5-1 所示。利用涂膜法制备电极材料。在制备锂离子电池负极材料的过程中，按 80％∶10％∶10％ 的质量比精确称量样品活性物、黏结剂（PVDF）和导电剂（乙炔黑），在玛瑙研钵中研磨后滴入 2 滴 N-甲基吡咯烷酮调成糯糊状，并涂抹在铜箔上室温晾干。120℃ 真空干燥 12h，将涂有活性物质的铜箔压成直径均为 1.2cm 的小圆片。在布满氩气、氧气和水分含量均低于 0.5mg/L 的手套箱中装配成纽扣电池。在组装过程中，锂片作为正极，活性材料作为负极，含 1mol/L $LiPF_6$ 的碳酸二乙酯（DEC）和碳酸亚乙酯（EC）的混合溶液（$V_{DEC}∶V_{EC}=1∶1$）为电解液，以 Cellgard2325 为隔膜组装成半电池。

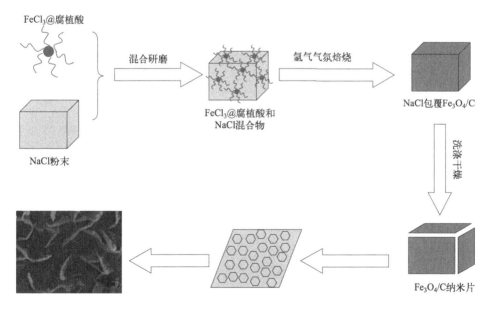

图 5-1　样品的合成示意图

表 5-1　不同条件下制备所得样品

样品编号	焙烧气氛	升温速率/(℃/min)	焙烧温度/℃
Fe_3O_4/C-600	Ar	10	600
Fe_3O_4/C-650	Ar	10	650
Fe_3O_4/C-700	Ar	10	700
Fe_3O_4/C-750	Ar	10	750
Fe_3O_4/C-800	Ar	10	800

5.2　超级电容器电极的制备

将制备的样品 Fe_3O_4/C 纳米片（作为电极材料的活性物质）、导电炭黑和聚四氟乙烯乳液（PTFE）按质量比 5：1：1 混于一定量乙醇溶液中，超声 5min 后，在 60℃烘箱中除去溶剂，得到胶黏状混合物。然后将混合物在对辊机上碾压成均匀薄片，切成约 1cm×1cm 的方形后贴在泡沫镍上，在高压（约 8MPa）条件下压成薄膜状，制备成超级电容器的电极。

5.3　电化学性能测试条件

锂离子电池负极材料的循环伏安测试在 Zennium Zahner 电化学工作站上进行，测试时的电位扫描窗口为 0.01～3V，扫描速度为 0.1mV/s。电化学阻抗测试也是在 Zennium Zahner 电化学工作站上进行。此外，锂离子电池的恒电流充放电循环、倍率和比容量等测试均是在蓝电测试体系上进行。

电化学测试采用三电极体系，制备得到的样品电极作为工作电极，甘汞电极为参比电极，铂电极为对电极，电解液为 2mol/L KOH 溶液。测试前将工作电极放入电解液中浸泡 12h。循环伏安、恒电流充放电及交流阻抗（频率范围：100kHz～100MHz）测试在型号为 CHI 660D 的电化学工作站上进行。在蓝电测试体系上测试了恒电流充放电循环，其比容量 C 利用式（2-1）计算。

5.4 Fe$_3$O$_4$/C 纳米片的表征讨论

5.4.1 前驱体的热分析表征

腐植酸钾是以乌鲁木齐市米东区的风化煤作为原料，通过破碎、除杂，利用碱溶酸沉工艺制得。其主要成分如表 5-2 所示。

表 5-2 腐植酸钾的主要成分表

项目	水分	水不溶物	腐植酸	氧化钾	黄腐植酸	其他金属
含量/%	10.4	6.6	62	12.1	7.9	≤1

为了确定较优的焙烧温度，首先对焙烧前的铁盐-腐植酸和氯化钠的混合物进行热分析处理，其结果如图 5-2 所示。从图 5-2 中的曲线可知，该混合物的失重过程主要分为三个阶段。第一阶段是室温～约580℃，在该温度范围内，混合物有6.9%的失重，这部分质量损失主要是由于混合物中水分的挥发和小分子的分解。第二阶段是在580～790℃。在该温度范围内有约1.1%的质量损失，可以归结于混合物中的有机盐腐植酸分解成了 CO_2 和碳架，形成的无定形碳架结构燃烧，同时还有铁盐被氧化成了 Fe_3O_4。在第二阶段中，只有温度到了500℃之后，质量减小的速率才开始平稳，直到800℃左右。第三阶段是790～980℃，在这个阶段质量损失是快速的，是 Fe_3O_4 被氧化成了 Fe_2O_3 所造成的。因此，综合整个热分析的结果，选择600～800℃作为实验的焙烧温度。

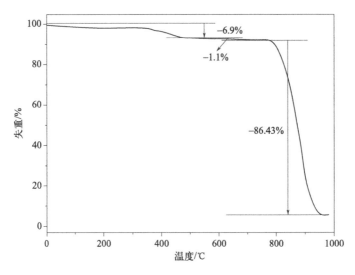

图 5-2 铁盐-腐植酸和氯化钠混合物的热分析曲线图

5.4.2 Fe$_3$O$_4$/C 纳米片的 XRD 和拉曼光谱表征

为了证明产物的相组成和结构，进行了粉末 X 射线衍射和拉曼光谱测试，结果如图 5-3 所示。从图 5-3（a）可以看出，XRD 曲线中的所有衍射峰都可以与立方晶相的磁铁矿（JCPDS♯74-0748）相吻合。在 18.29°、30.09°、35.44°、37.07°、43.07°、53.43°、56.96°、62.54°和 73.99°处的这些峰对应于面立方 Fe$_3$O$_4$ 的（111）、（220）、（311）、（222）、（400）、（422）、（333）、（440）和（533）晶面。这些狭窄而尖锐的峰也进一步证明了产物 Fe$_3$O$_4$ 有非常好的结晶度。

为了识别碳基材料的结合和微观结构，可以使用拉曼光谱进行表征。众所周知，碳材料的光谱通常表现出两大宽峰，即 1350cm^{-1} 处无序的 D 峰和约 1580cm^{-1} 处的石墨碳峰（也称为 G 峰）。图 5-3（b）是 Fe$_3$O$_4$/C 纳米复合材料的拉曼光谱，可以清楚地观察到它们都有两个明显的驼峰分

第5章 腐植酸钾作碳源制备 Fe₃O₄/C 纳米片在电化学中的应用研究

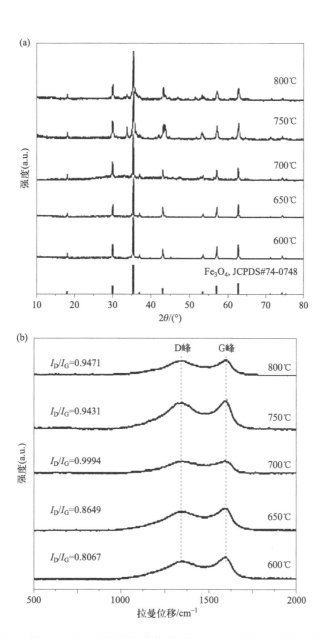

图 5-3 样品 Fe₃O₄/C 纳米复合物的 XRD（a）和拉曼光谱（b）图

别在 1335cm^{-1}、1582cm^{-1} 附近。与 1350cm^{-1} 峰位置相比，随着焙烧温度从 600℃ 升高到 800℃，纳米复合材料的 D 峰位置略微转向低频率区。这样的结果正好证实了样品中的碳层含有大量的晶格缺陷。此外，和 1582cm^{-1} 处的 G 峰相比，1335cm^{-1} 处的峰强比较弱，表明碳的缺陷域远远低于碳的石墨域。随着焙烧温度的升高，I_D/I_G 的值呈现了增大的趋势，并且 I_D/I_G 的值都是大于 0.8 而小于 1，这就证实了焙烧后形成的样品中的碳都是以无定形的形式存在的。

5.4.3 Fe_3O_4/C 纳米片的 XPS 表征

为了进一步确认 XRD 的结果，通过 XPS 光谱测试对 Fe_3O_4/C 复合物中的表面氧化态和物质的组成进行了表征，结果如图 5-4 所示。图 5-4（a）是样品的全谱图，在图中 284eV、531eV、711eV 处的结合能分别对应于 C 1s、O 1s、Fe 2p 峰，证实所制备得到的样品 Fe_3O_4/C 中仅含有 C、Fe、O 三种元素。图 5-4（b）~（d）分别是 Fe 2p、C 1s 和 O 1s 的高分辨率 XPS 图。Fe $2p_{3/2}$ 和 Fe $2p_{1/2}$ 自旋轨道峰的结合能分别为 709.1eV 和 722.4eV，与 Fe_3O_4 的标准 XPS 光谱一致[12,13]。此外，在 718.0eV 处 γ-Fe_2O_3 的特征峰并没有出现，这就进一步说明了 Fe_3O_4/C 复合物中的铁物相是 Fe_3O_4，正好和上述 XRD 的结果相吻合。在图 5-4（c）中 C 1s 的反褶皱中包含三类碳键，分别对应于 C—C（284.7eV）、C—O—C（286.1eV）、O—C=O（288.4eV）。O 1s 在 531eV 处的明显的特征峰[如图 5-4（d）所示]对应于 Fe_3O_4 中的氧，这能证实 Fe_3O_4 的存在；而在图 5-4（d）中也可以观察到 531.7eV、533.4eV 处的峰，它们表明了与碳原子结合的 O^{2-} 的存在。

5.4.4 Fe_3O_4/C 纳米片的 TEM 和 HRTEM 表征

为了直观地观察产物的微观结构和形貌，对样品进行

第5章 腐植酸钾作碳源制备 Fe_3O_4/C 纳米片在电化学中的应用研究

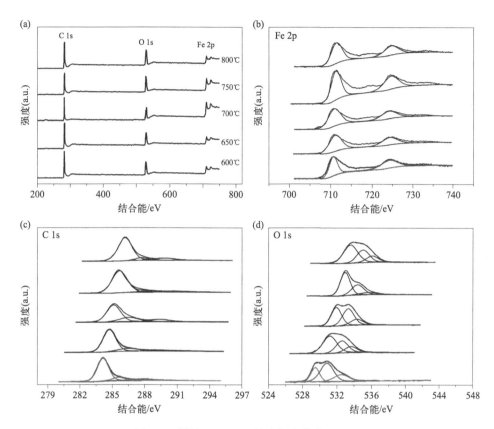

图 5-4 样品 Fe_3O_4/C 纳米复合物的 XPS 图

了 TEM 和 HRTEM 表征,结果如图 5-5 所示。从图 5-5 可以看出,Fe_3O_4/C 纳米复合物的形貌都是金属纳米颗粒均匀分布在二维纳米碳膜上,而且均匀分布的纳米颗粒的粒径均非常小。从图 5-5 也可以看出,所得产物的 Fe_3O_4 纳米颗粒均镶嵌在碳架中,形成了碳膜上均匀分散有颗粒的纳米片,并没有出现颗粒堆积在一团的情况。这样的情况也进一步说明了在氧化铁纳米颗粒表面包覆的碳层能够很好地保护纳米颗粒的形貌和尺寸,防止热处理时纳米颗粒的团聚。

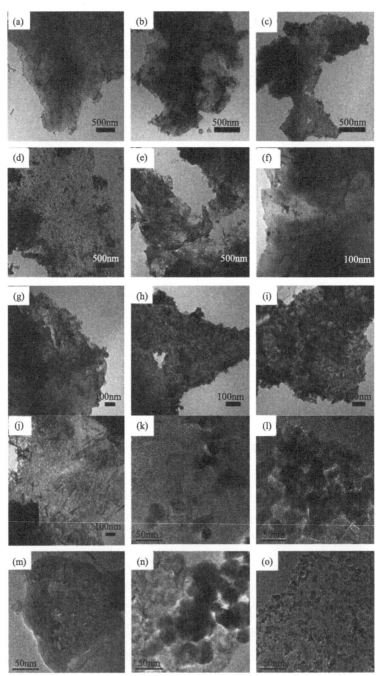

图 5-5 Fe₃O₄/C 纳米复合物的 TEM 和 HRTEM 图
(a), (f), (k) Fe₃O₄/C-600; (b), (g), (l) Fe₃O₄/C-650; (c), (h), (m) Fe₃O₄/C-700; (d), (i), (n) Fe₃O₄/C-750; (e), (j), (o) Fe₃O₄/C-800

5.4.5 Fe₃O₄/C 纳米片的 FESEM 表征

FESEM 测试可以更直观地对产物的微观结构和形貌进行表征，由图 5-6 可以清楚地看到，所得产物均是由碳膜和 Fe_3O_4 纳米颗粒所组成。它们的形貌是碳膜上均匀分散着纳米颗粒的纳米片，而且分布的纳米颗粒的粒径均在 20nm 以下。这也进一步证明了在氧化铁纳米颗粒表面包覆的碳层能够很好地保护纳米颗粒的形貌和尺寸，防止热处理过程时纳米颗粒的团聚；结构中包覆的碳膜也能很好地防止 Fe_3O_4 纳米颗粒直接暴露于电解液中，增强了混合物的导电性，从而保证了材料的电化学性能。

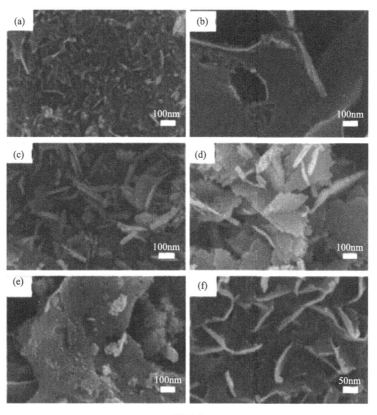

图 5-6

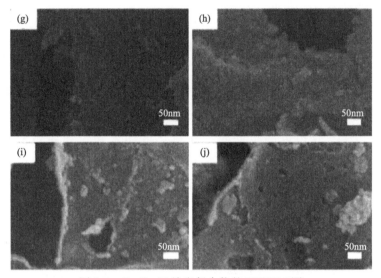

图 5-6 Fe_3O_4/C 纳米复合物的 FESEM 图
(a), (f) Fe_3O_4/C-600; (b), (g) Fe_3O_4/C-650;
(c), (h) Fe_3O_4/C-700; (d), (i) Fe_3O_4/C-750;
(e), (j) Fe_3O_4/C-800

5.5 Fe_3O_4/C 纳米片的性能测试

5.5.1 Fe_3O_4/C 纳米片的锂离子电池性能测试

选择 750℃ 焙烧后的样品 Fe_3O_4/C-750 组装成锂离子电池负极材料,进行在 0.01~3.0V 电压范围内的恒电流充放电实验,结果如图 5-7 所示。图 5-7 (a) 显示了在室温下,Fe_3O_4/C-750 负极材料在扫速 0.1mV/s、电压范围 0.01~3.0V 前四圈的循环伏安（CV）曲线。从图 5-7 (a) 中可以很明显地观察到,第一圈与随后三圈的 CV 曲线是不同的。在第一圈中,三个明显的峰分布在约 0.58V、1.18V 和 1.53V 处。在第一次放电过程中出现的 1.53V 的峰值,在其他的过渡金属氧化物测试中也能看到,它的储锂机制是通过转换反应进行的[14],用它能很好地识别第一圈放电过程中不可逆界面过程的发生[15]。另外两个峰（0.58V 和 1.18V）的存在可以归因于：①材料中有碳存在，电极表面和界面处发生副反应，生成了固体电解质界面膜；②反尖晶石结构的 $Fe^{2+}[Fe_2^{3+}]O_4$ 发生锂化反应，即 $Fe_3O_4 + 2Li^+ + 2e^- \longrightarrow Li_2(Fe_3O_4)$，$Li_2(Fe_3O_4) + 6Li^+ + 6e^- \longrightarrow 3Fe^0 + 4Li_2O$[16-18]。总的来说，$Fe_3O_4$ 转换成 Fe 的反应及无定形 Li_2O 的形成都会造成放电过程中不可逆容量的衰减[19]。在 1.89V、1.67V 处出现的氧化峰正好也对应了 Fe 的可逆反应（$Fe^0 \longrightarrow Fe^{3+}/Fe^{2+}$）。在随后的第二、第三和第四圈循环伏安曲线中，峰电流明显降低，这都是因为电极材料在第一圈中发生的极化反应造成了不可逆氧化还原反应的发生。

图 5-7（b）展示了 Fe_3O_4/C-750 纳米片在电流密度 0.5A/g 下的恒电流充放电电压曲线图。从图中曲线可以明显看出，在最初的放电过程中，样品有一个高达 762.7mA·h/g 的储锂容量，而充电时的可逆容量还有 747.3mA·h/g，这就得到一个高达 98% 的首次库仑效率。在循环 400 圈后，电极材料的容量还有 432.4mA·h/g，达到了 67% 的初次容量保持。31% 不可逆容量的衰减是由于表面钝化的固体电解质膜的产生、电解液的分解，还有碳基材料中含氧功能团和 Li^+ 之间的相互作用[20-22]。

为了证明二维 Fe_3O_4/C 纳米片作为锂电负极材料的优越性，测试了在电流密度 500mA/g 时的循环性能，结果如图 5-8（a）所示。从图 5-8（a）中可以看出，在循环充放电的大约前 50 圈，材料的比容量都是呈现逐渐减小的趋势，随着循环次数的继续增大，它们的比容量也开始增大。就如样品 Fe_3O_4/C-750，在开始的第 43 圈，它的最小容量是 286mA·h/g，循环 450 圈后其容量可以增大到 695mA·h/g。其原因：约前 50 圈由于 SEI 膜的生成，电解液和活性物的反应不够充分，而且都是不可逆的反应；碳的结构重组[23]。

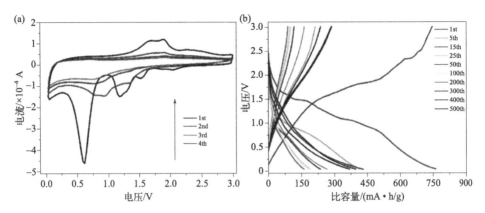

图 5-7 （a）Fe_3O_4/C-750 作为锂离子电池负极材料前四次的循环伏安曲线；
（b）电流密度 0.5A/g 下的充放电曲线

随着反应的进行，锂离子的插入/脱出、离子和电子的传输都变得越来越灵活有效，碳和 Fe_3O_4 都被电解液充分激活，使得每次锂化反应都更充分，从而使其比容量开始逐渐变大。对于 Fe_3O_4/C 纳米片来说，碳层的存在可以保证铁基纳米颗粒自由地发生锂化反应，碳层本身又不会被破坏。此外，Fe_3O_4 的锂储存容量的获得主要是通过锂离子和 Fe_3O_4 之间的可逆置换反应，反应后可以形成分散在 Li_2O 矩阵上的 Fe 纳米晶体，而碳层又能够防止形成的 Fe 纳米晶体催化分解表层的 SEI 膜。

倍率性能也是电极材料的一个非常重要的参数。通过对系列样品进行比较，发现 Fe_3O_4/C-750 复合电极表现出了相对较好的倍率性能［图 5-8（b）］。随着电流密度的增大（100mA/g→2000mA/g），Fe_3O_4/C-750 电极材料的比容量逐渐从 477mA·h/g 降低到 248mA·h/g；当电流密度再从 2000mA/g 的高电流密度变到开始时的 200mA/g 时，材料的比容量开始升高达到 289mA·h/g。由其他几个不同焙烧温度的样品也得到了相类似的结果。对于碳基复合材料来说，决定其储锂容量的关键因素是：导电性、表面缺陷的数量、复合物中不同物种的界面面积。在 750℃煅烧得到的样品之所以有好的倍率性能,就是因为其制备条件正好可以使影响储锂容量的三个因素达到最佳[24]。总体来说,惰性气氛下不同温度焙烧后的Fe_3O_4/C复合材料作为锂电池负极材料具有非常好的倍率性能,可以在锂电池方面有非常好的应用。

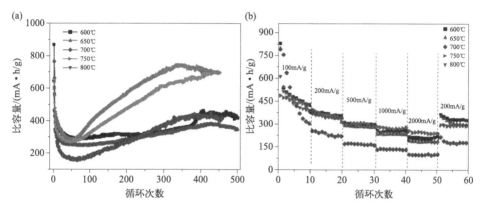

图 5-8 (a) Fe_3O_4/C作为锂离子电池负极材料在电流密度500mA/g下的循环容量;
(b) 不同电流密度下的循环图

图 5-9 是 Fe_3O_4/C 系列样品的电化学阻抗谱,阻抗谱图由两部分构成,即低频区的直线和高频区的半圆。Fe_3O_4/C-750 的半圆直径最小,表明 Fe_3O_4/C-750 有最快的电荷传输,电荷传输阻抗和锂离子在 SEI 膜中的分散迁移阻抗都较小。而低频区的直线部分的斜率代表的是锂离子在活性物中的扩散阻抗,由图 5-9 能看出,样品 Fe_3O_4/C-750 具有最倾斜的直线,表明该样品在电解液中传质最快,扩散速度最快。

5.5.2 Fe_3O_4/C 纳米片的超级电容器性能测试

为了评价样品作为超级电容器电极的电化学性能的差异,测试了它们在 2mol/L KOH 电解液中的循环伏安曲线,如图 5-10(a)所示。从图 5-10(a)可以看出,系列样品表

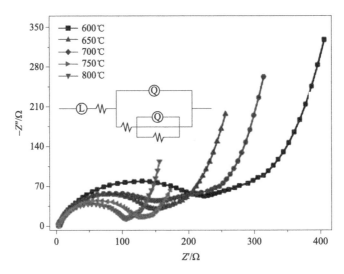

图 5-9 系列 Fe_3O_4/C 纳米复合物的电化学阻抗谱图
（频率范围：100kHz～100MHz）

现出非常明显的氧化还原峰，证明该电极是典型的氧化还原电极。另外，为了进一步研究碳层和氧化物之间的协同作用，通过测试恒电流充放电曲线对样品的电容值进行考察，结果如图 5-10（b）所示。相同条件下样品 Fe_3O_4/C-750 电极具有最长的放电时间，表明样品 Fe_3O_4/C-750 有最

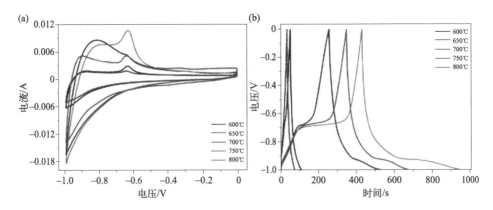

图 5-10 （a）Fe_3O_4/C 系列样品在扫速 10mV/s 时的循环伏安曲线；
（b）0.5A/g 电流密度下的恒电流充放电曲线

第5章 腐植酸钾作碳源制备 Fe_3O_4/C 纳米片在电化学中的应用研究

高的电容值。

样品 Fe_3O_4/C-750 的系列电化学测试结果如图 5-11 所示。图 5-11（a）是不同扫速下的循环伏安曲线，从中可以看出，随着扫速的增大电流也增大，说明电极材料有很好的倍率性能；另一方面，随着扫速的变化，样品的氧化还原峰在保持峰形不变的情况下发生了相应的迁移，证明了该材料具有比较好的电化学可逆性。通过改变测试电流，得到 Fe_3O_4/C-750 在不同电流密度下的恒电流充放电曲线和相应的电容曲线，结果如图 5-11（b）、（c）所示。从曲线中可以看出，样品 Fe_3O_4/C-750 电极在 500mA/g 时具有

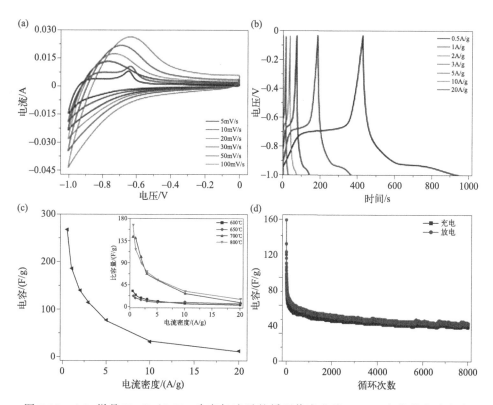

图 5-11 （a）样品 Fe_3O_4/C-750 改变扫速后的循环伏安曲线；（b）变化的电流密度下的恒电流充放电曲线；（c）由恒电流充放电曲线得到的电容曲线；（d）1A/g 的电流密度下循环 8000 圈后的稳定性曲线

最长的放电时间，在该电流密度下的电容值高达 265.6F/g。样品的循环稳定性结果如图 5-11（d）所示。样品的电容值开始时快速减小，然后在大约 1000 圈之后减小速度开始变慢，直到最后保持稳定，这个结果表明 Fe_3O_4/C-750 纳米复合物循环寿命长。

系列样品 Fe_3O_4/C 的电化学阻抗谱（EIS）如图 5-12 所示。EIS 曲线的特点是在高频区曲线和横轴的交点是电极的等效串联阻抗 R_s，半圆直径是电极和电解液接触界面的电荷传质阻抗 R_{ct}，R_{ct} 反映了活性物质电子在电解液中的转移速率；低频区的直线斜率代表的是沃伯格阻抗，是电解液在电极材料孔内的分散阻抗。样品 Fe_3O_4/C 的尼奎斯特曲线在高频区都展现了一个小的半圆，在低频区是直线，并且 Fe_3O_4/C-750 电极材料在低频区的阻抗谱斜率高于其他电极的斜率，说明该材料更强地降低了复合材料的内阻，使氧化还原反应可以更快速高效地进行，表明了该电极材料具有更好的光电化学极化和电容性能。

在本章中，通过简单有效的一步熔融盐焙烧法对铁盐-腐植酸前驱体进行焙烧，成功合成出纳米立方体结构 Fe_3O_4 镶嵌在碳膜上的二维纳米复合物，并对其进行了系统的电化学性能测试。

① 当将复合材料应用到锂离子电池负极时，在 0.5A/g 的充-放电过程中，Fe_3O_4/C-750 纳米片在第一圈的放电过程中有高达 762.7mA·h/g 的储锂容量，充电时的可逆容量为 747.3mA·h/g，首次库仑效率可以高达 98%；而在测试倍率性能时，随着电流密度从 100mA/g 增大到 2000mA/g，Fe_3O_4/C-750 电极材料的比容量逐渐从 477mA·h/g 降低到 248mA·h/g，当电流密度降至 200mA/g 时，其比容量可以达到 289mA·h/g。

② 样品应用到超级电容器时，Fe_3O_4/C-750 电极在 500mA/g 时的电容值高达 265.6F/g。样品好的电化学性能，

第5章 腐植酸钾作碳源制备 Fe_3O_4/C 纳米片在电化学中的应用研究

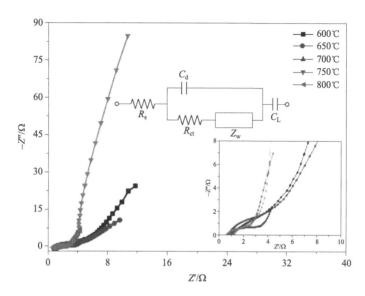

图 5-12　Fe_3O_4/C 系列样品的电化学阻抗曲线（插图是拟合循环图和高频区放大图）

可以归因于 Fe_3O_4/C 复合材料中碳和 Fe_3O_4 结合后发生的协同作用。

③ 引入的导电碳层能够大大提高金属氧化物的导电性，增强电极材料的电子传递速率和可调节应变性，同时也可以在锂离子和电极材料的反应中防止氧化铁纳米颗粒的体积变化。这样的结果启发我们可以继续探索这些材料在超级电容器、电池等储能方面的更广泛的应用。

◆ 参考文献

[1] Shao Y, Zhang S, Engelhard M H, et al. Nitrogen-doped graphene and its electrochemical applications[J]. Journal of Materials Chemistry, 2010, 20 (35): 7491-7496.

[2] Liu J, Liu S, Zhuang S, et al. Synthesis of carbon-coated Fe_3O_4 nanorods as electrode material for supercapacitor[J]. Ionics, 2013, 19(9): 1255-1261.

[3] Oh I, Kim M, Kim J. Fe$_3$O$_4$/carbon coated silicon ternary hybrid composite as supercapacitor electrodes[J]. Applied Surface Science, 2015, 328: 222-228.

[4] Tartaj P, Amarilla J M. Iron oxide porous nanorods with different textural properties and surface composition: Preparation, characterization and electrochemical lithium storage capabilities[J]. Journal of Power Sources, 2011, 196(4): 2164-2170.

[5] Sevilla M, Fuertes A B. Direct synthesis of highly porous interconnected carbon nanosheets and their application as high-performance supercapacitors [J]. ACS Nano, 2014, 8(5): 5069-5078.

[6] Muraliganth T, Vadivel M A, Manthiram A. Facile synthesis of carbon-decorated single-crystalline Fe$_3$O$_4$ nanowires and their application as high performance anode in lithium ion batteries[J]. Chemical Communications, 2009, 41(47): 7360-7362.

[7] Yang W, Yang W, Wang J, et al. Conformal Fe$_3$O$_4$ sheath on aligned carbon nanotube scaffolds as high-performance anodes for lithium ionbatteries[J]. Nano Letters, 2013, 13(2): 818-823.

[8] Wu H, Du N, Wang J, et al. Three-dimensionally porous Fe$_3$O$_4$ as high-performance anode materials for lithium-ion batteries[J]. Journal of Power Sources, 2014, 246(3): 198-203.

[9] Illés E, Tombácz E, Science I. The effect of humic acid adsorption on pH-dependent surface charging and aggregation of magnetite nanoparticles[J]. Journal of Colloid Interface Science, 2006, 295(1): 115-123.

[10] Warner C L, Addleman R S, Cinson A D, et al. High-performance, superparamagnetic, nanoparticle-based heavy metal sorbents for removal of contaminants from natural waters[J]. Chem Sus Chem, 2010, 3(6): 749-757.

[11] Wang L, Yu Y, Chen P, et al. Electrospinning synthesis of C/Fe$_3$O$_4$ composite nanofibers and their application for high performance lithium-ion batteries[J]. Journal of Power Sources, 2008, 183(2): 717-723.

[12] Dong Y C, Ma R G, Hu M J, et al. Scalable synthesis of Fe$_3$O$_4$ nanoparticles anchored on graphene as a high-performance anode for lithium ion batteries [J]. Journal of Solid State Chemistry, 2013, 201(10): 330-337.

[13] Zhang W, Li X, Liang J, et al. One-step thermolysis synthesis of two-dimensional ultrafine Fe$_3$O$_4$ particles/carbon nanonetworks for high-performance lithium-ion batteries[J]. Nanoscale, 2016, 8(8): 4733.

[14] Kim H, Seo D H, Kim S W, et al. Highly reversible Co$_3$O$_4$/graphene hybrid

anode for lithium rechargeable batteries[J]. Carbon, 2011, 49(1): 326-332.

[15] Maroni F, Gabrielli S, Palmieri A, et al. High cycling stability of anodes for lithium-ion batteries based on Fe_3O_4 nanoparticles and poly(acrylic acid) binder[J]. Journal of Power Sources, 2016, 332: 79-87.

[16] Yang Z, Shen J, Archer L. An in situ method of creating metal oxide-carbon composites and their application as anode materials for lithium-ionbatteries[J]. Journal of Materials Chemistry A, 2011, 21(30): 11092-11097.

[17] Zhang W, Wang X, Zhou H, et al. Fe_3O_4/C open hollow sphere assembled by nanocrystals and its application in lithium ion battery[J]. Journal of Alloys and Compounds, 2012, 521: 39-44.

[18] Wu F, Huang R, Mu D, et al. A novel composite with highly dispersed Fe_3O_4 nanocrystals on ordered mesoporous carbon as an anode for lithium ion batteries[J]. Journal of Alloys and Compounds, 2014, 585: 783-789.

[19] He Y, Huang L, Cai J S, et al. Structure and electrochemical performance of nanostructured Fe_3O_4/carbon nanotube composites as anodes for lithium ion batteries[J]. Electrochimica Acta, 2010, 55(3): 1140-1144.

[20] Zhang W M, Wu X L, Hu J S, et al. Carbon coated Fe_3O_4 nanospindles as a superior anode material for lithium-ion batteries[J]. Advanced Functional Materials, 2008, 18(24): 3941-3946.

[21] Muraliganth T, Murugan A V, Manthiram A. Facile synthesis of carbon-decorated single-crystalline Fe_3O_4 nanowires and their application as high performance anode in lithium ion batteries[J]. Chemical Communications, 2009(47): 7360-7362.

[22] Ban C, Wu Z, Gillaspie D T, et al. Nanostructured Fe_3O_4/SWNT electrode: binder-free and high-rate Li-ion anode[J]. Advanced Materials, 2010, 22(20): E145-E149.

[23] Gnanaraj J S, Levi M D, Levi E, et al. Comparison Between the Electrochemical Behavior of Disordered Carbons and Graphite Electrodes in Connection with Their Structure[J]. Journal of the Electrochemical Society, 2001, 148(6): A525.

[24] Wang L, Yu Y, Chen P C, et al. Electrospinning synthesis of C/Fe_3O_4 composite nanofibers and their application for high performance lithium-ion batteries[J]. Journal of Power Sources, 2008, 183(2): 717-723.